Prüfung der Arbeitsgenauigkeit von Werkzeugmaschinen.

Von

Dr.-Ing. Alfons Finkelstein.

Springer-Verlag Berlin Heidelberg GmbH 1911

ISBN 978-3-662-31912-3 ISBN 978-3-662-32739-5 (eBook)
DOI 10.1007/978-3-662-32739-5

I. Praktischer Wert der Prüfung der Arbeitsgenauigkeit von Werkzeugmaschinen.

Bei jedem Arbeitsstück ist Form- und Maßgenauigkeit zu unterscheiden. Bei der Prüfung der Formgenauigkeit wird die Gestalt des Arbeitsstückes ohne Rücksicht auf seine Abmessungen mit der vorgeschriebenen geometrischen Form, der sie in mathematischem Sinne ähnlich sein muß, verglichen; bei der Prüfung der Maßgenauigkeit werden die Abmessungen des Arbeitstückes kontrolliert. Unter der Arbeitsgenauigkeit einer Werkzeugmaschine soll diejenige Genauigkeit verstanden werden, mit der gewünschte geometrische Formen, für deren Erzeugung die Maschine gebaut ist, auf ihr herzustellen sind. Die Prüfung der Arbeitsgenauigkeit hat den Zweck, festzustellen, in welchem Maße die Formgenauigkeit der Arbeitstücke, die auf der Maschine hergestellt werden, durch die Eigenschaften der Maschine selbst herabgesetzt wird.

Nicht in allen Fällen wird hohe Formgenauigkeit von den Arbeitsstücken verlangt. Wird ein Werkstück bearbeitet des besseren Aussehens halber, zur Herabminderung seines Gewichtes, zur Formgebung, oder um glatte Flächen zu schaffen, so werden an die Formgenauigkeit keine höheren Ansprüche gestellt, mithin können solche Teile auf Maschinen mit geringer Arbeitsgenauigkeit hergestellt werden. Bei der Bearbeitung von Drehteilen, deren Schwerpunkt in der Drehungsachse liegen soll, muß die Formgenauigkeit mit dem Grade zunehmen, mit dem die Ansprüche an die Güte des Massenausgleiches steigen. Die höchsten Ansprüche an die Formgenauigkeit werden bei Passungen gestellt, so daß in diesem Falle der Wert hoher Arbeitsgenauigkeit der Bearbeitungsmaschine am offenkundigsten in die Erscheinung tritt.

Die im Maschinenbau benutzten Passungen sind mit seltenen Ausnahmen: Passungen von Zylinderflächen und Passungen von ebenen Flächen. Die marktgängigen Werkzeugmaschinen sind darum auch vornehmlich zur Herstellung dieser Passungen gebaut. Die Herstellungskosten einer Passung setzen sich aus den Kosten der Vorarbeit und denen der Montierarbeit zusammen. Die Vorarbeit ist Maschinenarbeit, die Montierarbeit Handarbeit. Beide Faktoren stehen innerhalb von Grenzen, die gezogen sind durch Abmessungen und Material der Passung, durch werkstatttechnische Einrichtungen zu ihrer Herstellung und durch die vorgeschriebene Güte der Passung, in einem solchen Verhältnis zueinander, daß mit zunehmender Genauigkeit der Vorarbeit die Kosten der Nacharbeit in der Regel abnehmen, während die der Vorarbeit in geringerem Maße zunehmen, so daß die Kosten für die gesamte Passung zurückgehen, bis bei einer ganz bestimmten Teilung der Arbeiten der geringste Kostenaufwand erzielt wird. Wird die Genauigkeit der Vorarbeit übertrieben, so wachsen ihre Kosten, ohne daß deshalb die Nacharbeit billiger wird; die Ausgaben für die Herstellung der Passung nehmen zu.

Nun wird allerdings bei Passungen sowohl Maßgenauigkeit wie Formgenauigkeit verlangt. Während die Maßgenauigkeit durch die Arbeitsmethode, die Größe und Güte der benutzten Werkzeugmaschine, die Geschicklichkeit des Arbeiters, die Abmessungen der Passung und die Materialeigenschaften von Arbeitsstück und Werkzeug bedingt wird, ist die erzielbare Formgenauigkeit in hohem Maße von der Arbeitsgenauigkeit der benutzten Werkzeugmaschine abhängig. Dieser Umstand beweist, daß der Arbeitsgenauigkeit von Werkzeugmaschinen, auf denen gute Arbeit geleistet werden soll, besondere Aufmerksamkeit zuzuwenden, daß sie zu messen und zu erhöhen ist. Es ist erforderlich, daß die theoretischen Grundlagen der Prüfung der Arbeitsgenauigkeit von Werkzeugmaschinen durchgearbeitet und zusammengestellt werden. Die Prüfungsmethoden sind bekannt; es sind die seit mehr oder weniger langer Zeit benutzten Methoden der physikalischen Meßtechnik. Nicht allgemein bekannt sind die Gesichtspunkte für die Wertung der Arbeitsgenauigkeit.

Man ist bei der Prüfung der Werkzeugmaschinen einseitig vorgegangen und hat sein Augenmerk vornehmlich der Spanleistungsfähigkeit der Maschinen und Werkzeuge zugewendet. So soll denn die vorliegende Arbeit einen Baustein zur Ergänzung des Fehlenden bilden und eine Lücke in der technischen Literatur ausfüllen.

Einige Maschinenfabriken haben die praktische Bedeutung der Formgenauigkeit der Arbeitsstücke richtig erkannt und unterziehen bereits heute alle Werkzeugmaschinen, die sie bauen, einer Prüfung der Arbeitsgenauigkeit. In den Kreisen der Maschinenverbraucher scheint jedoch diese Kenntnis noch nicht durchgedrungen zu sein, denn man legt vielfach bei dem Einkauf von Maschinen mit hoher Arbeitsgenauigkeit allein Wert auf den Ruf des Fabrikanten und verlangt weder Prüfungszeugnisse der Maschinen, noch stellt man selbst Prüfungen an.

Wird die Werkzeugmaschine zur Produktionsmaschine, so genügt die einmalige Prüfung der Arbeitsgenauigkeit bei ihrer Einstellung nur für eine bestimmte Zeit, nach deren Ablauf die Prüfungen zu wiederholen sind. Diejenigen Maschinen, an deren Arbeitsgenauigkeit hohe Anforderungen gestellt werden, sind unter dauernder Aufsicht zu halten. Wie groß die Arbeitsgenauigkeit sein, und auf welche Teile der Maschine sie sich erstrecken muß, sind Betriebsfragen von Bedeutung. Am schwierigsten ist diese Entscheidung bei marktgängigen Werkzeugmaschinentypen mit umfangreichem Verwendungsgebiet.

Es könnte gesagt werden, daß die Prüfung der Arbeitsgenauigkeit der fertigen Maschine unterbleiben kann, wenn bei dem Aufbau der Maschine mit großer Gewissenhaftigkeit vorgegangen wird. Dem ist zu erwidern, daß einige Prüfungen sehr wohl während des Aufbaus der Maschine zu machen sind und gemacht werden müssen, denn gewisse Fehler lassen sich an der fertigen Maschine nur noch mit größerem Aufwand von Zeit und Geld beseitigen. Trotzdem sind alle Prüfungen nochmals an der fertigen Maschine vorzunehmen, denn es tritt der Fall ein, daß unvermeidliche und zulässige kleine Fehler in einzelnen Teilen sich bei dem Zusammenbau in ungünstigem Sinne addieren; ferner ist die Erscheinung festzustellen, daß die Form von Teilen infolge freiwerdender Materialspannungen oder durch mechanische Beanspruchungen sich nicht unwesentlich verändert. Es ist außerdem zu beachten, daß es erwünscht ist, wenn alle Prüfungen von derselben Person unter den gleichen festgelegten Bedingungen vorgenommen werden. Revisionsarbeit soll nicht mehr kontrolliert werden, und das Prüfungszeugnis der fertigen Maschine ist eine Urkunde von großer Wichtigkeit.

Höhere Ansprüche an die Arbeitsgenauigkeit müssen nicht unbedingt zu einer Verteuerung der Werkzeugmaschinen führen, denn in vielen Fällen wird durch Verbesserung der eigenen Fabrikationseinrichtungen und Hilfsmaschinen höherwertiges Fabrikat ohne wesentliche Vergrößerung der Selbstkosten entstehen.

II. Wertung der Arbeitsgenauigkeit von Werkzeugmaschinen.

Die Arbeitsgenauigkeiten, die für die verschiedenen Teile einer Werkzeugmaschine zu wählen sind, werden durch folgende Faktoren bedingt:

1. Arbeitsweise der Maschine,
2. Verwendungszweck der Maschine,
3. Güte der Maschine innerhalb ihrer Art,
4. Einfluß der Arbeitsgenauigkeit des Mechanismus auf die der Maschine.

Die Arbeitsweise der Maschine beeinflußt die Wahl der Arbeitsgenauigkeit auf fünffache Weise:

a) durch die mit Sicherheit zu erzielende Maßgenauigkeit,
b) durch Abnutzung des Werkzeuges während der Arbeit,
c) durch fehlerhafte Ausführung des Werkzeuges,
d) durch Mängel in der Lagerung des Werkzeuges und des Arbeitsstückes,
e) durch Materialfederung im Werkzeug und Arbeitsstück an der Arbeitsstelle.

Der Einfluß der zu erzielenden Maßgenauigkeit auf die Wahl der Arbeitsgenauigkeit ist hauptsächlich bei Maschinen, die runde Passungen

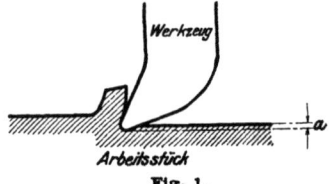

Fig. 1.

Materialkompression (a) an der Arbeitstelle bei spanabhebenden Werkzeugen.

herstellen, vorhanden, während bei solchen, die ebene Flächen erzeugen, der Wert der Maßgenauigkeit meist geringer ist, da es seltener darauf ankommen wird, daß eine Platte eine bestimmte Stärke hat, als daß sie genau eben ist.

Die Maßgenauigkeit, die mit einem Arbeitsverfahren erzielt werden kann, ist um so größer, je geringere Spanstärken abgehoben werden können. Bei jedem Schneidprozeß entsteht an der Arbeitsstelle eine Materialkompression im Arbeitsstück und im Werkzeug (Fig. 1), deren

Größe abhängig ist von der Schneidkraft, den Materialeigenschaften von Werkzeug und Arbeitsstück und der Form des Werkzeuges. Diese Erscheinung hat das bekannte „Nachschneiden" der Werkzeuge zur Folge. Es ist klar, daß auch bei dem Nachschneiden eine Materialkompression eintreten muß, die schließlich nach wiederholtem Nachschneiden sehr gering aber immerhin vorhanden ist. Diese Materialkompression macht es unmöglich, Spanstärken unter einem gewissen Maße abzuheben und läßt das Erreichen von Maßgenauigkeiten über einer bestimmten Grenze in Abhängigkeit von dem Geschick des Arbeiters und von Zufälligkeiten. Der Zusammenhang zwischen Materialkompression und erreichbarer Maßgenauigkeit für Werkzeuge von verschiedener Form und Arbeitsweise und für verschiedene Materialien als Werkzeug und Arbeitsstück entbehrt noch einer vollkommenen Klärung, wie überhaupt noch viele Gebiete der Werkstatttechnik auf ihre wissenschaftliche Durcharbeitung warten.

Versuche, die Materialkompression an der Arbeitsstelle festzulegen, mußten an Maschinen vorgenommen werden, die in ihren Teilen so stark und exakt ausgeführt sind, daß sie trotz der unvermeidlichen Fehler, die durch Verbiegungen und Verdrängungen auftreten, eine Stahleinstellung gegenüber dem Arbeitsstück von etwa 0,0001 mm ermöglichen.

Verfasser hat an einer leichten Drehbank Versuche ausgeführt und festgestellt, daß bei größter Vorsicht für kleine Schnittlängen sich folgende praktisch noch brauchbare (!) Arbeitsspäne erzielen lassen.

Arbeitsstück	Werkzeug	kleinste Spanstärke
Messing	Diamant	0,002 mm
desgl.	Gußstahl glashart	0,003 „
Siemens-Martin-stahl	Gußstahl normal gehärtet	0,006 „
Gußstahl	Gußstahl normal gehärtet	0,006 „

Diamant und glasharter Stahl sind nur in einzelnen Fällen für Dreharbeit als Werkzeug in Benutzung; Gußstahl von normaler Härte ist das übliche Werkzeugmaterial. Die Qualität des Werkzeugstahles schien die Größe des geringsten Arbeitsspanes in der Weise zu beeinflussen, daß mit zunehmender Härte des Werkzeuges die Spanstärke kleiner gewählt werden konnte. Auf Schnittlängen bis etwa 20 mm ließen sich noch schwächere Späne abheben, doch wurde das nicht weiter verfolgt, weil es für die Beurteilung der vorliegenden Fragen belanglos war.

Die mit Sicherheit zu erzielende Maßgenauigkeit erwies sich geringer als die kleinste Spanstärke. So wurden z. B. vier Stopfen aus Gußstahl nach einem Musterstopfen von etwa 30 mm Durchmesser gedreht, das Meßwerkzeug war ein Federtaster, und es zeigte sich, daß die größte Abweichung von dem im Musterstopfen festgelegten Maß 0,002 mm betrug, also $1/6$ der geringsten Spanstärke. Dieses Resultat war zu erwarten, da bei dem Drehen von Stopfen mit großer Genauigkeit nicht Span für Span abgehoben wird, bis das richtige Maß erreicht ist, sondern der Dreher dreht zunächst ein kurzes Stück — eine Zone — an, versucht so lange bis er das richtige Maß hat, und erst dann überdreht er die ganze Oberfläche, dabei hat der letzte Span eine Stärke von 0,02 bis 0,05 mm, es ist der „Paßspan".

Anders liegen die Verhältnisse bei dem Schleifen, hier ist die geringste brauchbare Spanstärke so klein, daß ein spanweises Abheben des Materials erfolgen kann, bis das Arbeitsstück die gewünschten Abmessungen hat.

Durch Hobeln und Stoßen werden fast nur ebene Flächen hergestellt, und bei diesen ist die erzielbare Maßgenauigkeit, wie gesagt, meist von untergeordneter Bedeutung; wenn nicht, so liegen die Verhältnisse analog wie bei der Drehoperation

Ferner ist bei jedem Werkzeug mit Fehlern zu rechnen, die durch Abnutzung der Schneidkanten während der Arbeit entstehen. Die Größe der Abnutzung wird beeinflußt durch die Schneidlänge, den Schneidwiderstand, die Materialeigenschaften des Werkzeuges und Arbeitsstückes, Stellen von besonderer Härte im Arbeitsstück, auftretende Erschütterungen, Arbeitsgeschwindigkeit und Form des Werkzeuges.

Versuche über die Abnutzung des Werkzeuges bei dem Abheben von Schlichtspänen wurden an einer Drehbank ausgeführt.

In Fig. 2 sind die Resultate in Form einer Kurve zusammengestellt. Zur Messung der Abnutzung wurde auf dem Werkzeug eine feine Strichmarke angebracht und vor dem Arbeiten die Entfernung der Strichmarke von der Schneide mit Hilfe des Komparators festgestellt; nach Ausführung des Schneidversuches wurde die Messung wiederholt. Die Differenz beider Ablesungen ist die Abnutzung des Werkzeuges an der Schneide. Die Versuche wurden einwandsfrei für Siemens-Martin-Stahl durchgeführt; bei Gußeisen war die Abnutzung der Schneide wegen des Auftretens von weichen und harten Stellen im Material so verschieden, daß ein klares Bild nicht erreicht wurde. Die Kurve zeigt für kleine Spanstärken und Schneidflächen ein Anwachsen der Abnutzung proportional zur Schneidfläche. Das Material des Werkzeuges ist von ausschlaggebender Bedeutung auf die Größe der Abnutzung. Es wurde Messing mit einem Diamanten geschnitten, dabei war eine Abnutzung überhaupt nicht festzustellen; bei Siemens-Martin-Stahl mit Böhler „Spezial sehr hart" geschnitten, war sie geringer als bei Werkzeugen aus gewöhnlichem Gußstahl.

Bei einzelnen Werkzeugen, z. B. bei Fräsern, tritt die Schwierigkeit hinzu, die gewünschte Form des Werkzeuges zu erzeugen und zu erhalten. So gilt es mit Recht als eine schwierige mechanische Aufgabe, z. B. einen breiten, spiralig hinterdrehten Walzenfräser so zu schleifen, daß er eine ebene Fläche fräst. Es wurde die Walzenseite einiger Walzenfräser, die mit nicht mehr und nicht weniger Sorgfalt geschliffen waren, wie es in der Werkstatt üblich ist, untersucht und dabei festgestellt:

so, daß zunächst die Form in einer Lehre festgelegt wird, nach welcher der Fräserkörper gedreht werden kann. Nach dieser Lehre wird der Hinterdrehstahl hergestellt, nun wird aber dieser bei einer komplizierten Form niemals seine eigene kopieren, sondern es werden kleine Abweichungen entstehen, dadurch, daß der Stahl bei dem Schneiden mehr oder weniger „drückt". Diese Fehler lassen sich wohl durch eine Korrektur der Form des Hinterdrehstahles beseitigen, doch ist das zeitraubend und geschieht darum in der Praxis nur in Ausnahmefällen. Wesentlich größere Fehler treten bei dem Härten der Fräser auf, da der

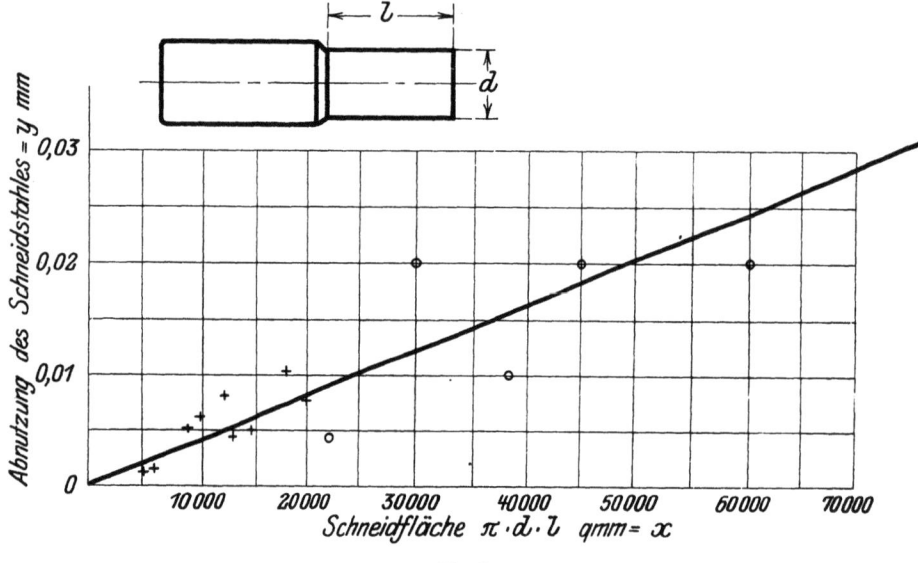

Fig. 2.

Arbeitsstück:
    Material: Siemens-Martin-Stahl;
    Durchmesser: ca. 48 mm (Punkte o);
           " ca. 16 mm (Kreuze +);
Schnittgeschwindigkeit: 15 m/Minute;
    Spanstärke: 0,02 bis 0,04 mm.

Werkzeug:
    Material: normal gehärteter Gußstahl;
    Gesetz der Kurve: $x = 2\,500\,000 \cdot y$;
    Schneidfläche $= 2\,500\,000 \cdot$ Stahlabnutzung.

1. Walzenfräser mit geradlinigen, gefrästen Zähnen etwa 75 mm lang, Fehler bis 0,01 mm hohl oder ballig;
2. Walzenfräser mit geradlinigen, hinterdrehten Zähnen etwa 80 mm lang, Fehler bis 0,02 mm hohl oder ballig;
3. Walzenfräser mit spiraligen, gefrästen Zähnen etwa 80 mm lang, Fehler bis 0,02 mm hohl oder ballig;
4. Walzenfräser mit spiraligen, hinterdrehten Zähnen etwa 80 mm lang, Fehler bis 0,04 mm hohl oder ballig.

In noch höherem Maße treten bei hinterdrehten Formfräsern Fehler auf, wenn nicht auf die Anfertigung besondere Sorgfalt verwendet wird. Der Gang der Herstellung eines Formfräsers ist meist

Fräserkörper als ganzes und jeder Zahn wiederum im besondern seine Form und Lage ändert. Beide Fehler lassen sich beseitigen, wenn man dazu übergeht, die hinterdrehten Fräser nach dem Härten zu hinterschleifen. Aber auch der korrekte Fräser schneidet seine Form nur dann aus, wenn die Schnittwinkel an allen Stellen gleich groß sind; diese Bedingung ist bei Formfräsern nicht erfüllt, auch dann nicht, wenn seitliche Hinterdrehung vorhanden ist.

Arbeitet die Fräsmaschine mit Schlagzähnen oder der Stirnseite von Walzenfräsern, so ist die Arbeitsweise mit der der Drehbank zu vergleichen.

Auch diejenigen Fehler, welche durch Ölverdrängung in den Führungen und Lagerungen des Werkzeuges und der Maschine auftreten, sind bis zu einem gewissen Grade nicht zu vermeiden. Auf Fehler dieser Art wird besonders bei Maschinen, bei denen schwere Werkzeuge oder Arbeitstücke schnell rotieren oder bewegt werden, zu achten sein.

Es wurde bereits früher über den schädlichen Einfluß der Materialkompression an der Arbeitstelle auf die Vergrößerung der Maßgenauigkeit gesprochen, dieselbe Erscheinung bewirkt Fehler in der Formgenauigkeit, sobald die zu bearbeitende Oberfläche von ungleichmäßiger Härte ist. Nach Versuchen des Verfassers ist jedoch dieser Fehler nicht sehr beträchtlich; er betrug bei Siemens-Martin-Stahl verschiedener Härte 0,001—0,003 mm. Bei Gußstahl teils gehärtet, teils weich sind die Fehler wesentlich größer.

Ändert die Schneide des Werkzeuges während der Arbeit durch Abnutzung die Form, so nimmt die Materialkompression an der Arbeitsstelle an Größe zu; und zwar erhöht dieser Umstand den schädlichen Einfluß der Stahlabnutzung auf die Arbeitsgenauigkeit.

Aus der Erkenntnis heraus, daß mit der Arbeitsgenauigkeit von einer bestimmten Größe ab die Herstellungskosten der Werkzeugmaschinen in immer höherem Maße zunehmen, wird die Arbeitsgenauigkeit nicht größer gewählt werden, als der Verwendungszweck der Maschine fordert. Bei Spezialmaschinen ist dieser Verwendungszweck bis in alle Einzelheiten gegeben, so daß es nicht schwer fallen wird, hier die geeignete Arbeitsgenauigkeit zu finden. Anders bei den marktgängigen Maschinentypen, bei denen die verschiedensten Anforderungen gestellt werden; den höchsten aber müssen erstklassige Maschinen noch gerecht werden. In dem Abschnitt „Pläne für die Prüfung der Arbeitsgenauigkeit von Werkzeugmaschinen" wird an der Hand von Beispielen gezeigt werden, in welcher Weise die erforderliche Arbeitsgenauigkeit einer Maschine bestimmt werden kann.

Entsprechend der Höhe der Anforderungen an die Arbeitsgenauigkeit lassen sich die marktgängigen Werkzeugmaschinen erstklassiger Ausführung in folgende Gruppen teilen:

1. Gruppe: Rundschleifmaschinen, Flächenschleifmaschinen,
2. „ : Drehbänke, Bohrwerke, Fräsmaschinen, Hobelmaschinen, Stoßmaschinen,
3. „ : Bohrmaschinen,
4. „ : Abstechbänke, Schruppbänke, Sägen, Pressen.

Jedoch werden diese Maschinen nicht in allen Teilen mit der gleichen Arbeitsgenauigkeit ausgeführt, sondern diese wird bei den einzelnen Mechanismen in dem Grade ermäßigt, als ihr Einfluß auf die Gesamtarbeitsgenauigkeit der Maschine abnimmt.

Auch noch ein anderer Umstand ist für die Beurteilung der Arbeitsgenauigkeit von Bedeutung. Jeder Maschinenteil ist durch die Beanspruchung beim Arbeiten der Formänderung unterworfen, die bei den Teilen einzelner Maschinen recht beträchtlich ausfallen kann. Es ist darauf zu achten, daß die Formänderung die Arbeitsgenauigkeit möglichst korrigiert, sie keinesfalls unter das zulässige Maß herabsetzt. Ähnlich verhält es sich mit der Abnutzung, die bei dem Arbeiten mit der Maschine in den einzelnen Getrieben eintreten muß. Die Abnutzung wird in allen Fällen die Arbeitsgenauigkeit beeinträchtigen, doch ist es erwünscht, daß der Weg zur Ungenauigkeit über den Punkt der absoluten Genauigkeit geht.

Zur Kennzeichnung der Arbeitsgenauigkeit werden die Fehler, soweit sie Längenfehler sind, in Millimetern angegeben; bei Winkelfehlern erfolgt die Angabe durch die Größe der Steigung auf die Meßlänge. Die Meßlängen sind 1000 mm und 300 mm.

Zur Abkürzung bedeute:

Genauigkeit					mm
I:	auf 1000 mm Länge	ein Fehler von	0,01
II:	„ 1000 „	„	„	0,02
III:	„ 300 „	„	„	0,01
IV:	„ 300 „	„	„	0,02
V:	„ 300 „	„	„	0,03
VI:	„ 300 „	„	„	0,05
VII:	„ 300 „	„	„	0,07
VIII:	„ 300 „	„	„	0,10
IX:	„ 300 „	„	„	0,15
X:	„ 300 „	„	„	0,25

III. Methoden zur Prüfung der Arbeitsgenauigkeit.

An die Methoden zur Prüfung der Arbeitsgenauigkeit von Werkzeugmaschinen sind vom werkstattstechnischen Standpunkte aus folgende Anforderungen zu stellen:

1. Genauigkeit entsprechend den Ansprüchen der Messung,
2. eindeutige Bestimmung des fehlerhaften Maschinenteils oder Mechanismus,
3. einfache und durchsichtige Theorie der Meßmethode,
4. Prüfung jederzeit in der Werkstatt ausführbar,
5. billige, dauerhafte und vielseitig verwendbare Meßinstrumente, die einfach zu bedienen sind,
6. geringste Prüfungskosten.

Zur genaueren Erklärung der einzelnen Punkte ist folgendes zu sagen:

zu 1. Die Anforderungen an die Arbeitsgenauigkeit der einzelnen Werkzeugmaschinen und deren Teile sind keineswegs gleich. Die größte Genauigkeit, die vorkommt, ist etwa 0.01 mm

Fehler auf eine Länge von 1000 mm, während in anderen Fällen die Genauigkeit bis auf 0,25 mm auf 300 mm ermäßigt werden kann. Zum Feststellen sehr geringer Fehler werden genaue Meßmethoden mit empfindlichen Instrumenten, in anderen Fällen weniger genaue Methoden und Instrumente benutzt. Methode und Instrument werden zweckmäßig der von der Prüfung verlangten Genauigkeit angepaßt. Allzugroße Genauigkeit ist sogar von Übel, weil mit ihr in fast allen Fällen der Meßbereich abnimmt und die Ausführung der Messung mehr Zeit kostet, als wenn die Genauigkeit nur eben so groß ist, wie gefordert werden muß. So sind z. B. die in der Glasbearbeitung angewendeten Meßmethoden, die auf der

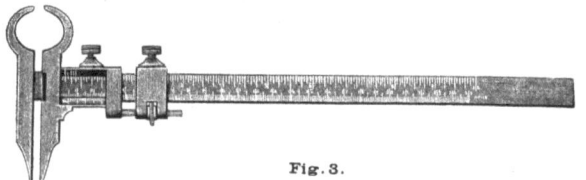

Fig. 3.

Schublehre mit Feineinstellung mit Millimeter und Zolleinteilung. Nonien zum Ablesen von $1/50$ mm bezw. $1/1000''$ engl.

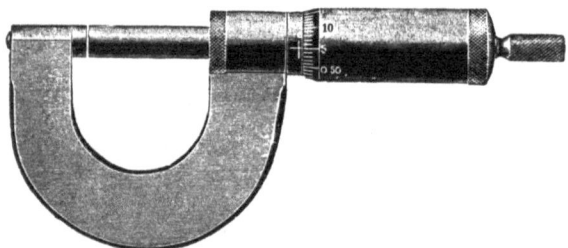

Fig. 4.

Mikrometerschraube. Auf der Trommel können $1/100$ mm abgelesen werden, Bruchteile von diesem Wert sind zu schätzen.

Erscheinung der Newtonschen Farbenringe beruhen, für die Messung der Arbeitsgenauigkeit unserer marktgängigen Werkzeugmaschinen unbrauchbar trotz und wegen ihrer großen Genauigkeit, während eine Methode und Instrumente, die Längenänderungen von 0,001 mm noch oben festzustellen gestatten, bessere und billigere Messungen ermöglichen selbst in den Fällen, in welche höchsten Ansprüche an die Arbeitsgenauigkeit gestellt werden. Es ist wahrscheinlich, daß im Laufe der Zeit die Ansprüche an die Arbeitsgenauigkeit einzelner Maschinen steigen werden, mit diesen die Anforderungen an die Meßmethoden; aber gerade über diesen Punkt brauchen wir uns heute nicht zu sorgen, denn die physikalische Meßtechnik gibt Methoden und Instrumente von fast jeder beliebigen Genauigkeit, so

Fig. 5.

Meßmaschine von J. E. Reinecker, Chemnitz. Mißt bis 0,0001 mm.

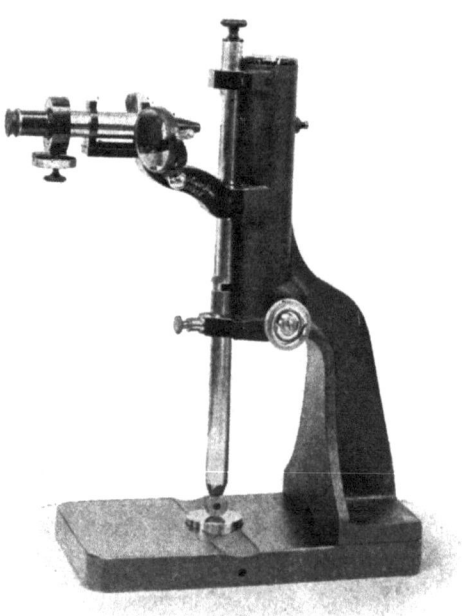

Fig. 6.

Dickenmesser nach Abbe.

Die Dickenablesung erfolgt an einem Maßstab in Verlängerung des Meßstiftes. Ein Teilstrich der Trommel des Ablesemikroskopes entspricht 0,001 mm.

daß unsere Aufgabe nur darin bestehen wird, sie der technischen Anwendung anzupassen.

Zu 2. Eine Meßmethode, bei der nur festgestellt werden kann, daß ein Arbeitsstück, welches auf der geprüften Maschine hergestellt ist, diesen oder jenen Fehler haben muß, ohne daß festliegt, aus welchem Grunde der Fehler auftritt, genügt nur für eine wenig entwickelte Werkstattechnik. Ein Fortschritt im Bau von Werkzeugmaschinen mit hoher Arbeitsgenauigkeit wird nur erzielt werden, wenn jeder Fehler, der sich an der fertigen Maschine zeigt, bis in diejenigen Elemente hinein verfolgt wird, in denen er entsteht, denn nur dann ist seine Beseitigung möglich. Für den Hersteller guter Maschinen ist das Verfolgen der Fehler bis auf ihren Ursprung schon deshalb von großer Bedeutung, weil auf diese Weise Fehler in den Bearbeitungsmethoden und Produktionsmaschinen aufgedeckt werden, deren Beseitigung oftmals Ärger und Verlust erspart.

Zu 3. Mit der Prüfung der Arbeitsgenauigkeit von Werkzeugmaschinen wird man nur intelligente und geschickte Arbeiter betrauen, aber auch diese beherrschen selten mehr als die Hauptsätze der Geometrie, die Gesetze der Optik und die Theorie der optischen Instrumente sind ihnen meistens fremd. Diejenige Methode, bei der der Prüfende aus Mangel an Kenntnissen gezwungen ist, mechanisch zu arbeiten, wird niemals so zuverlässige Resultate geben, wie eine Methode, bei der der Prüfende sich von jeder Messung Rechenschaft ablegen kann. Zum mindesten wird bei der Ausführung von Messungen nach einer komplizierten Methode die Überwachung der Prüfenden durch einen Beamten erforderlich, der die Theorie der Meßmethode beherrscht.

Zu 4. Eine Meßmethode, die nicht jederzeit in der Werkstatt angewendet werden kann, bei der die Maschine erst in ein mehr oder weniger gut eingerichtetes Meßlaboratorium gebracht werden muß, hat für die Werkstatt nur halben Wert. Der Monteur, welcher die Maschine baut, muß während der Arbeit imstande sein, die Arbeitsgenauigkeit in den Mechanismen festzustellen. Wohl kann bei der Abnahme der Maschine auf dem Prüffelde eine andere Meßmethode angewendet werden, wie die, deren sich der Monteur bedient, doch wird das in vielen Fällen zu Streitigkeiten zwischen der Prüfabteilung und dem Monteur führen, da dieser bei etwaiger Beanstandung seiner Maschine oftmals behaupten wird, daß nach seiner Meßmethode die Maschine in Ordnung ist. Da ihm die Meßmethode vorgeschrieben ist, darf er erwarten, daß ihm in dieser die Fehler nachgewiesen werden. Das Eingehen auf alle berechtigten Ansprüche der Arbeiterschaft ist aber ein Teil des Inhaltes der „modernen" Werkstattechnik.

Zu 5. Wenn auch mit Meß- und Hilfswerkzeugen, die für den besonderen Fall konstruiert sind, meßtechnisch die günstigsten Resultate erreicht werden, so wird es doch nur in den Fällen zu empfehlen sein, solche Instrumente anzuschaffen, wenn ihre wirtschaftliche Ausnutzung gewährleistet ist. In den meisten Fällen werden die Instrumente, die der Markt bietet, im Preise billiger und oft auch in der Konstruktion und Ausführung besser sein

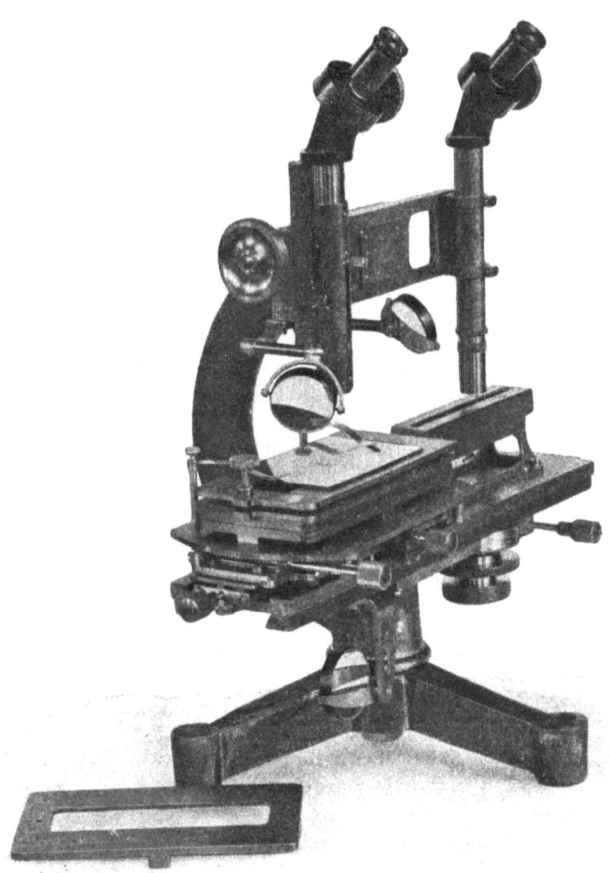

Fig. 7.
Komparator nach E. Abbe.

als Sonderapparate. Mit einfachen marktgängigen Meßwerkzeugen lassen sich unter Benutzung von Hilfseinrichtungen alle in der Meßtechnik der Arbeitsgenauigkeit gestellten Aufgaben lösen.

Zu 6. In mittleren und Großbetrieben werden die Anschaffungskosten für Prüfwerkzeuge nächst dem der Güte unter dem Gesichtswinkel der Lohnersparnis bei Benutzung der Instrumente betrachtet, dagegen sind es in Kleinbetrieben oft gerade die Anschaffungskosten, die den Ausschlag für dieses oder jenes System geben.

Es gibt zwei Methodengruppen zur Prüfung

der Arbeitsgenauigkeit von Werkzeugmaschinen, die voneinander grundsätzlich verschieden sind: direkte Prüfung durch Messung eines Arbeitstückes, das auf der zu prüfenden Maschine hergestellt ist, und indirekte Prüfung durch Messungen an der Maschine. Die direkte Prüfung hat der indirekten gegenüber Vor- und Nachteile. Die Vorteile sind, daß die Prüfungen an einem Erzeugnisse vorgenommen werden, daß alle kleinen Fehler in Maschine und Werkzeug in ihrer algebraischen Summe in die Erscheinung treten, und daß im Arbeitstück ein objektives, bleibendes Zeugnis der Arbeitsgenauigkeit der Maschine vorhanden ist — dabei ist allerdings zu beachten, daß Material, auch wenn es ruhig liegt, „arbeitet", d. h. seine Form ändert. — Als Übelstand macht sich geltend, daß die Genauigkeitsbilanz verschleiert ist, indem ohne weiteres nicht feststeht, wie groß die Fehler in den einzelnen Teilen der Maschine sind. Dieser Nachteil trifft sowohl den Hersteller der Maschinen als auch den Käufer; den Hersteller, indem er ihm die Vervollkommnung der Arbeitsmethoden zur Erzeugung eines höherwertigen Fabrikates bei den geringsten Kosten erschwert, und den Käufer, indem er ihm kein richtiges Bild von der Leistungsfähigkeit seiner Maschine gibt. Ferner ist zu beachten, daß alle Fehler im Werkzeug und seiner Befestigung sowie alle Fehler, die infolge von Ungleichheiten im Material auftreten, als Maschinenfehler in der Bilanz erscheinen. Durch besondere Vorsichtsmaßregeln lassen sich zwar diese Fehler auf ein Geringstmaß bringen, doch werden sie kaum vollkommen zu beseitigen sein.

Als Schneidwerkzeug wird der Diamant benutzt, da er von allen bekannten Schneidwerkzeugen die geringste Abnutzung bei dem Arbeiten erfährt. Das Material für die Versuchsarbeitstücke ist am besten ein weiches gezogenes oder gewalztes Messing, bei dem die Zieh- bzw. Walzkruste entfernt ist und das zur Beseitigung der vorhandenen Materialspannungen dann gut ausgeglüht ist. Die Spanstärke sollte nicht größer als 0,02 mm sein. Für Schnitt- und Vorschubgeschwindigkeit, für die Einspannung von Arbeitstück und Werkzeug sowie deren Abmessungen, für Kühlung und Schmierung müssen bestimmte Vorschriften vor-

Fig. 8.
Universal-Normalmaße. Kombinations-System „Johannsen".

handen sein da sonst bei den Rückschlüssen aus den Fehlern des Arbeitstückes auf diejenigen der Maschine die Unsicherheit noch erhöht wird. Wenn bei der geringen Beanspruchung der Maschine, wie sie die Prüfungsarbeiten verlangen, erhebliche Schwingungserscheinungen die Arbeitsgenauigkeit herabsetzen, so ist das nicht nur ein Zeichen, daß die Prüfmethode nicht sehr brauchbar ist, da diese kleinen Fehler in Kauf genommen werden müssen, sondern in höherem Maße ein

Beweis, daß die Maschine zu schwach gebaut und demnach in ihrem Aufbau fehlerhaft ist. Zwar werden theoretisch bei jeder Beanspruchung der Maschine Schwingungserscheinungen auftreten, doch sind diese bei guten Maschinen so gering, daß ihr Einfluß die Arbeitsgenauigkeit nicht herabsetzt. Die Form der Arbeitstücke wird so gewählt, daß der Fehler, auf den hier die Maschine geprüft werden soll, besonders deutlich hervortritt. Zum Ausmessen der Arbeitstücke werden die bekannten Längenmeßwerkzeuge und Meßmaschinen (Figur 3 bis 7) verwendet.

Größe des Fehlers an. Diese Prüfungsmethode ist bis in alle Einzelheiten ausgebaut und läßt eine Fehlerermittlung in bezug auf jeden einzelnen Getriebeteil zu mit einer Genauigkeit, die abhängig ist von der Geschicklichkeit des Prüfenden und der Genauigkeit der benutzten Methoden und Instrumente. Zur Prüfung sind folgende Meßmethoden in Gebrauch:

A. Lichtspaltmethode;
B. Fühlhebelmethode;
C. Tuschiermethode;
D. Wasserwagenmethode;
E. optische Meßmethode.

Die Lichtspaltmethode ist eine subjektive Meßmethode. Sie beruht auf der Erfahrung, daß das menschliche Auge mit großer Genauigkeit schmale Lichtstreifen auf ihre Breite hin vergleichen kann. Die Genauigkeit des Vergleiches wird beeinflußt durch die Übung des Schätzenden, durch die Breite des Lichtspaltes, durch seine Länge und Tiefe, durch Unterbrechungen, um so mehr, je länger sie sind, durch die Zugänglichkeit der Beobachtungsstelle, durch die Beleuchtung und durch etwaige Spiegelungen an der Meßstelle. Der Lichtstreifen ist so einzustellen, daß er an keiner Stelle ganz verschwindet, da sonst durch Deformationen an der Berührungsstelle ein falsches Bild

Fig. 9.
Prüfung von gehobelten Nuten in einem Arbeitstück nach der Lichtspaltmethode mit Hilfe von Normalmaßen.

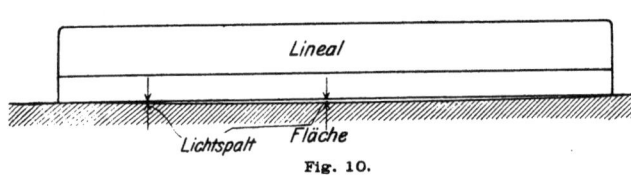

Fig. 10.
Prüfung der Gestalt einer Fläche nach der Lichtspaltmethode.

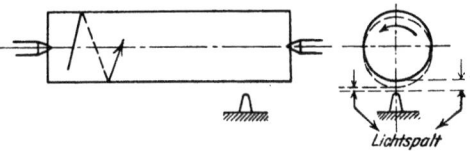

Fig. 11.
Schlagfehlerprüfung einer rotierenden Spindel nach der Lichtspaltmethode.

Da die direkte Meßmethode für Abnahmeprüfungen von Werkzeugmaschinen aus den angegebenen Gründen nicht sehr geeignet ist und auch die Ausführungsformen der Prüfung naheliegend sind, soll über sie hinweggegangen werden. Wenn im folgenden von Prüfungsmethoden der Arbeitsgenauigkeit schlechtweg gesprochen wird, sind stets indirekte Methoden gemeint.

Bei der indirekten Messung der Arbeitsgenauigkeit wird die zu erzeugende Form des Arbeitstückes mit einem vorhandenen Normalstück verglichen; der Unterschied beider gibt die

entstehen kann, doch soll er so eng wie möglich sein, denn je enger der Lichtspalt, um so größer die Genauigkeit der Ablesung. Unter günstigen Verhältnissen ist die Genauigkeit der Lichtspaltmethode etwa $1/4$ der Spaltbreite. Diese kann mit Hilfe von Normalmaßen (Figur 8 und 9) oder Komparatoren (Figur 7) gemessen werden.

Die Lichtspaltmethode ist bei der Prüfung der Arbeitsgenauigkeit nur in solchen Fällen anzuwenden, in denen ein objektives Resultat von größerer Genauigkeit nicht verlangt wird.

Die Werkzeuge, die zur Ausführung der

Prüfungen benötigt werden, sind Zeiger, die nach Bedürfnis aus Draht oder Bandstahl gefertigt werden, und Lineale mit abgeschrägter Kante vergl. Fig. 10 u. 11).

Auch zur reinen Längenmessung wird der Fühlhebel in Verbindung mit Stichmaßen benutzt.

Im Handel ist eine Anzahl Fühlhebel verschiedener Bauart zu haben. Die Bezeichnungen sind verschieden: Fühlhebel, Indikator, Feintaster, Minimeter (Fig. 12—15); alle gleichen sich darin, daß die Bewegung des Knopfes durch Hebel- und Radübersetzungen in die des Zeigers vergrößert wird. Diejenigen Instrumente arbeiten im Dauer-

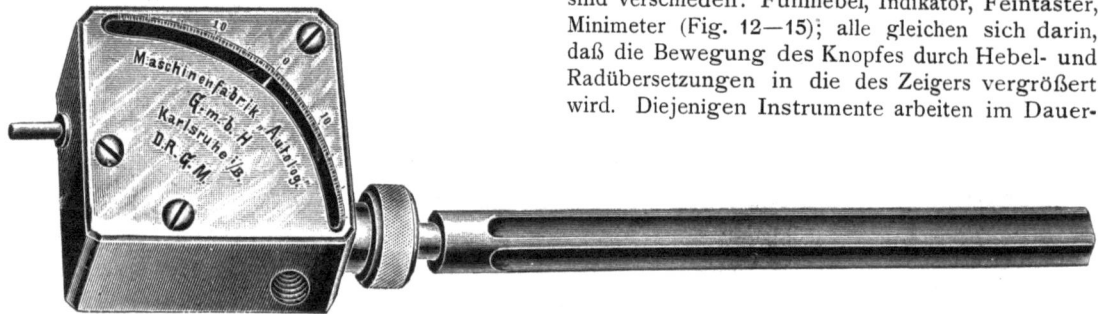

Fig. 12.
Fühlhebel der Ergon-Kosmos A.-G., Karlsruhe. Vergrößerung: 1:100.

Nach der Fühlhebelmethode wird der Fehler mit Hilfe einer Hebelübersetzung — Fühlhebel — so vergrößert, daß er ohne weiteres mit bloßem Auge abgelesen werden kann. Der Fühlhebel enthält durch seine Aufstellung eine beliebig veränderliche Länge, die durch die Bewegungsmöglichkeit des Fühlhebelknopfes innerhalb enger Grenzen verlängert oder verkürzt werden kann. Das Maß der Bewegung des Fühlhebelknopfes gibt der Zeiger in wesentlicher Vergrößerung an. Die Skaleneinteilung der gebräuchlichsten Instrumente läßt etwa $1/_{100}$ mm Bewegung des Fühlhebelknopfes unmittelbar ablesen. Der Fühlhebel wird so eingestellt, daß die Bewegungsrichtung des Knopfes in die Richtung fällt, in welcher der Fehler zu messen ist.

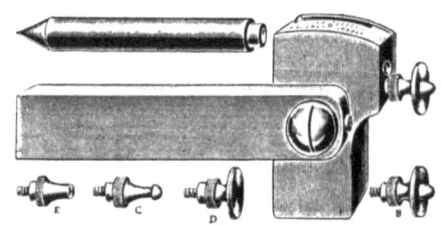

Fig. 13.
Bath-Fühlhebel A, B, C, D, E. Fühlknöpfe zum aufschrauben.

betrieb am günstigsten, bei denen gelagerte Achsen vermieden sind.

Die Tuschiermethode wird fast nur zur

Fig. 14.
Hirths Minimeter, Fühlhebel der Fortuna-Werke Albert Hirth. Vergrößerungen: 100:1, 200:1, 500:1, 1000:1.

Prüfung von Flächen, ebenen und gekrümmten, auf ihre Gestalt angewendet. Sie beruht auf dem Vergleich der zu prüfenden Fläche mit einer vorhandenen Normalfläche. Diese Normalfläche ist eine Tuschierplatte, ein Tuschierlineal oder eine Fläche von besonderer Form, die den Bedürfnissen angepaßt ist (Fig. 16—18). Das Ergebnis des Vergleiches wird dadurch sichtbar gemacht, daß die Normalfläche mit einem Farbstoff — sog. Tuschierfarbe — bestrichen wird, die bei dem Berühren von Normalfläche und zu prüfender Fläche auf die tragenden Flächenelemente der letzteren abfärbt. Je größer die tragenden Flächenelemente und je geringer ihr Abstand voneinander ist, um so mehr wird die ideale Fläche erreicht. Die Genauigkeit der Meßmethode wird durch die Dicke der Tuschiermassenschicht beeinträchtigt, doch liest der geschickte Arbeiter an der Abtönung der Färbung noch kleine Höhenunterschiede ab.

Die Wasserwagenmethode bestimmt die Arbeitsgenauigkeit durch Prüfen der Lage von Maschinenteilen zueinander oder durch Prüfen der Lagenänderung eines Maschinenteils bei Ausführung einer Bewegung mit Hilfe einer Libelle. Um ein Maß für die Genauigkeit der Prüfung zu haben, ist es erforderlich, daß man die Empfindlichkeit der Libelle kennt, die verschieden groß ist. Sie wird mit Hilfe des Libellenprüfers (Fig. 20) festgestellt und ist in das Glas der Libelle eingeätzt. Für die Angabe der Empfindlichkeit fehlen zurzeit noch feste Grundsätze. Bald wird unter der Empfindlichkeit einer Libelle der Winkel verstanden, um den die Libelle schief gestellt werden muß, damit die Blase einen Teilstrich der Libellenteilung Ausschlag zeigt (die Libellenteilung

Fig. 15.
Fühlhebel der Brown & Sharpe Mfg Co.
1 Teilstrich des Zifferblattes = 0,01 mm.

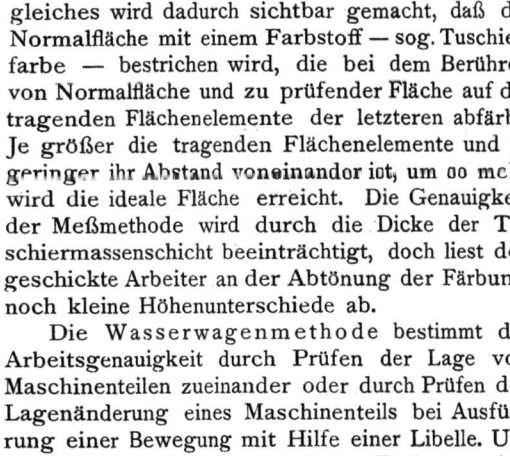

Fig. 18.
Tuschierplatten.

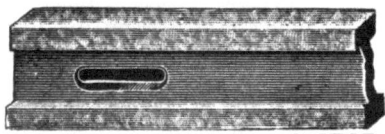

Fig. 16.
Tuschierlineal aus Stahl.

Fig. 19.
Wasserwage in eisernem Bett. Querschnitt mit prismatischer Sohle.

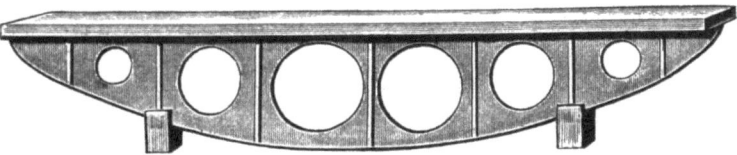

Fig. 17.
Tuschierlineal aus Gußeisen.

ist meist entweder 2 mm oder 1 Pariser Linie = 2,26 mm), dann wieder wird die Empfindlichkeit durch die Größe des Ausschlages der Blase bei 1:10000, 1:1000 und 1:100 Schiefstellung gekennzeichnet. Die Grundsätze, nach denen die Empfindlichkeit der Libellen bezeichnet ist, werden in den Katalogen der Fabrikanten angegeben.

Die Fassung der Libelle ist sehr verschiedenartig und ganz dem Zweck angepaßt; die gebräuchlichsten sind die in einem Bett (Fig. 19), in einem Winkel und in einem Rahmen (Fig. 21). Die Sohlen der Libellenfassungen erhalten zweckmäßig eine prismatische Nute, damit bei dem Aufsetzen auf einen runden Maschinenteil sich die Wasserwage parallel zu dessen Achse ausrichtet. Mit Hilfe der Winkel- und Rahmenwage sind lotrechte Flächen zu prüfen; für schiefwinklige Flächen sind Wasserwagen in Benutzung, die auf jeden Winkel eingestellt werden können (Fig. 22). Bei sehr kleinen Winkeln kann die Wasserwage selbst zur Messung des Winkels benutzt werden, wenn der Winkelwert bekannt ist, der dem Ausschlag der Libellenblase von einem Strich entspricht.

Zwischen Genauigkeitsgrad und Empfindlichkeit bestehen folgende Beziehungen:

Fig. 22.
Einstellbare Winkelwasserwage.

Genauig-keitsgrad	Empfindlichkeit	
	Winkel bei 1 Teilstrich Ausschlag	Ausschlag mm bei Neigung
I	2″	Neigung 1:10000 Ausschlag 20 mm
II	4″	„ 1:10000 „ 10 „
III	7″	„ 1:10000 „ 6 „
IV	14″	„ 1:1000 „ 33 „
V	21″	„ 1:1000 „ 21 „
VI	35″	„ 1:1000 „ 12 „
VII	48″	„ 1:1000 „ 8,6 „
VIII	1′ 9″	„ 1:100 „ 60 „
IX	1′ 43″	„ 1:100 „ 40 „
X	2′ 52″	„ 1:100 „ 24 „

Die optischen Methoden eignen sich nur in Sonderfällen für die Werkstatt; im allgemeinen entsprechen die Methoden nicht den eingangs gestellten Bedingungen. Sie verlangen für die Ausführung vieler Aufgaben, die bei der Prüfung der Arbeitsgenauigkeit gestellt werden, ein geschultes Personal; darum soll über die Anwendung dieser Methoden auf unsere Aufgaben hinweggegangen werden. Anders in solchen Fällen, in denen dem Arbeiter die Versuchsanordnung in einem Apparat fest gegeben ist. So sind z. B. Dickenmesser und Komparator wertvolle Längenmeßinstrumente.

Größere Genauigkeit als bei der Verwendung eines

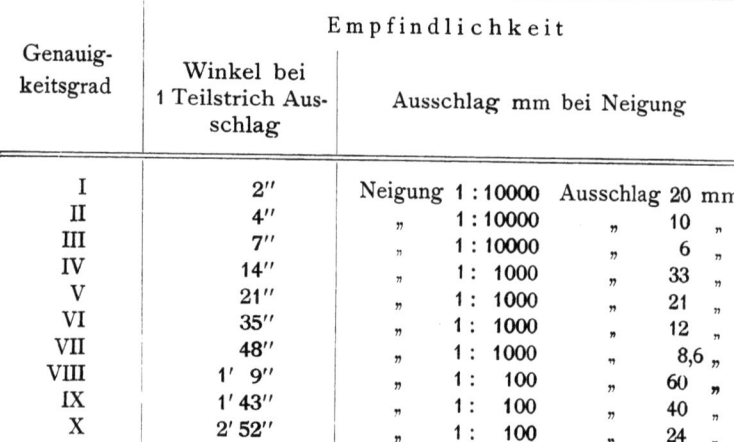

Fig. 20.
Libellenprüfer.

Fig. 21.
Rahmenwasserwage.

Mikroskops und Meßfernrohrs in Verbindung mit einem Maßstab wird erreicht, wenn das Fernrohr ein Gaußsches oder Abbesches Okular erhält. In Figur 23 ist die Prüfungsanordnung gegeben. Das Fernrohr mit Abbeschem Okular steht auf ∞. Licht, das durch ein Prisma auf die Glasplatte geworfen wird, erleuchtet auf dieser eine Strichmarke, von welcher ein Bild auf den vorgehaltenen Spiegel geworfen und wiederum auf die Glasplatte reflektiert wird. Bei veränderter Lage des Spiegels verschiebt sich das Bild auf der Glasplatte.

Auch diese Methode ist im Werkstattsbetrieb nur zur Lösung besonderer Aufgaben in Benutzung. So werden nach ihr z. B. Linealkanten auf ihre Form geprüft. Die Kante, die zu prüfen ist, wird durch Probieren parallel zur optischen Achse des Instrumentes ausgerichtet, dann an ihr

langt, daß sie eben sind. Die Prüfung ist bereits während des Aufbaus der Maschine vorgenommen worden, doch ist sie bei der Abnahme der Maschine auf dem Prüffeld zu wiederholen, da einmal die Güte der Aufspannfläche von Arbeitstischen große praktische Bedeutung hat, anderseits oft erst bei dem Zusammenbau der Maschine und ihrem Gebrauch Formänderungen im Aufspanntisch auftreten. Die Untersuchung hat sich auch darauf zu erstrecken, festzustellen, wie weit die ebene Form der Fläche geändert wird, wenn Gegenstände auf ihr in der üblichen Weise festgeschraubt oder festgeklemmt werden.

Führungen dienen zum Verschieben von Maschinenteilen nach gegebenen Richtungen. Die Führungsrichtung ist bei den Führungen aller Maschinen, die hier untersucht werden, geradlinig, darum soll allein diese hier behandelt werden. Die

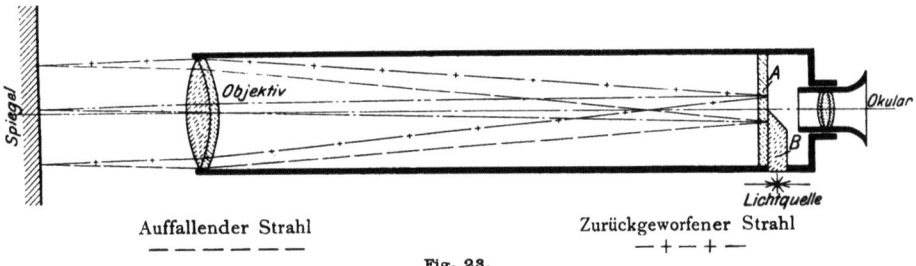

Auffallender Strahl Zurückgeworfener Strahl
— — — — — —   — + — + —

Fig. 23.

Meßfernrohr mit Okular nach E. Abbe.

ein kleiner Spiegel entlang bewegt, der mit Fühlern so versehen ist, daß er an einer geraden Kante nur parallel zu sich selbst verschoben werden kann. Auf diesen Spiegel wird die Marke des Abbeschen Okulars geworfen und von ihm in das Instrument reflektiert. Erfährt der Spiegel bei seinem Verschieben entlang der Linealkante eine Verdrehung, so wandert das Bild auf der Glasplatte des Okulars entsprechend.

Bei guten Instrumenten und Hilfsapparaten sind Genauigkeiten von mehr als 0,001 mm zu erreichen.

IV. Hauptaufgaben der Prüfung der Arbeitsgenauigkeit.

Von der großen Anzahl Aufgaben, mit denen sich die Meßtechnik beschäftigt, kommen bei der Prüfung der Arbeitsgenauigkeit von Werkzeugmaschinen nur eine beschränkte Auswahl in Frage. Fläche, Führung und Achse sind die Elemente, mit denen wir uns zu beschäftigen haben. Die Hauptaufgabe bildet die Prüfung der Ausführung und der Lage jedes dieser Elemente.

Die Flächen, auf deren Form Wert gelegt wird, sind bei allen marktgängigen Werkzeugmaschinen die Aufspanntische; von diesen wird ver-

konstruktive Ausbildung der Führung ist bei der Prüfung der Arbeitsgenauigkeit belanglos; die Ausführung muß so sein, daß die Führungsrichtung eindeutig bestimmt ist, d. h. daß die Führung nicht „klappert".

Achsen kommen in verschiedenen Formen bei allen Werkzeugmaschinen vor; da sind: Arbeitsspindeln, Gewindespindeln, Achsen, um welche Flächen, Führungen oder andere Achsen geschwenkt werden. Die Spur- und Halslagerung der Achsen sind zu prüfen. Die konstruktive Ausbildung der Lager ist dabei gleichgültig.

Ist das Element selbst auf seine Brauchbarkeit untersucht, so wird seine relative Lage zu anderen Elementen festgestellt. Bei marktgängigen Maschinen ist in allen Fällen, in denen eine große Genauigkeit der Lage vorgeschrieben wird, senkrechte oder parallele Lage der Elemente vorhanden; denn auf die Herstellung dieser Lagen ist unser ganzes Bearbeitungssystem zugeschnitten. Schiefwinklige Lagen sind auf normalen Werkstattsmaschinen nur mit Hilfe von Spezialeinrichtungen herzustellen, die den schiefen Winkel zu einem rechten oder gestreckten ergänzen. Die Genauigkeit der winkligen Lage hängt dann von der der Spezialeinrichtung ab.

Die Prüfung der Gewindesteigungen, Kreis- und Längenteilungen unterbleibt, da diese Elemente Gegenstand der Prüfung während der Fabrikation sind.

Wird bei Schnecken- oder Zahnradübersetzungen gleichförmige Abwälzung vorgeschrieben, so ist diese zu prüfen, da richtige Bewegungsübertragung nur dann vorhanden ist, wenn die Zahnformen des treibenden und getriebenen Rades theoretisch genau sind, ein Zustand, der bei nicht eingelaufenen Zahnrädern in der Praxis nur in Ausnahmefällen vorhanden ist.

Im folgenden werden für die Hauptaufgaben Lösungen nach verschiedenen Meßmethoden angegeben, ohne daß dabei von dem Grundsatz ausgegangen ist, für jede Aufgabe nach jeder Methode eine Lösung zu geben, was naturgemäß möglich ist. Es wird angenommen, daß zur Prüfung nur allgemein verwendbare marktgängige Apparate zur Verfügung stehen.

1. Prüfung einer ebenen Fläche.

Bei dieser Prüfung ist festzustellen, daß die höchsten Punkte der zu untersuchenden Fläche in einer Ebene liegen, und daß ihr Abstand voneinander nicht größer ist, als nach den Anforderungen an die Güte der Fläche verlangt werden muß. Die ebenen Flächen der Werkzeugmaschinen, deren Form zu prüfen ist, sind Aufspannflächen für Arbeitsstücke und Vorrichtungen. In vielen Fällen sind Flächen durch mehr oder weniger breite Nuten und Aussparungen unterbrochen, trotzdem sind die Flächen als Ganzes anzusehen, auch wenn sie aus einigen kleinen Flächenelementen bestehen, die größeren Abstand voneinander haben. Werden bei praktischem Gebrauch der Maschine Teile auf dem Tisch so festgespannt, daß eine Deformation der Fläche eintreten kann, so ist die Prüfung auf die Form zweimal vorzunehmen und zwar: wenn nichts aufgespannt ist und wenn eine Aufspannung in denkbar ungünstigster Weise erfolgt.

Ausführung der Prüfung.

Lichtspaltmethode. Ein Lineal mit abgeschrägter Kante wird nach verschiedenen Richtungen über die zu prüfende Fläche gelegt und die Berührungslinie im durchfallenden Lichte beobachtet. Ist die Fläche eben, so muß an jeder Stelle die Breite des Lichtstreifens gleich sein.

Tuschiermethode. Eine Tuschierplatte, mit Tuschiermasse bestrichen, wird auf die zu prüfende Fläche gelegt und leicht angerieben. Die Berührungsstellen der Fläche mit der Tuschierplatte nehmen Farbe an, so daß zu erkennen ist, in welchem Abstand die tragenden Elemente der zu prüfenden Fläche liegen.

Wasserwagenmethode. Eine beliebige Stelle der Fläche wird nach der Wasserwage ausgerichtet und dann auf der Fläche eine kleine Wasserwage oder Libelle verschoben, die an jeder beliebigen Stelle im Gleichgewicht sein muß. Besteht die Fläche aus getrennt liegenden Elementen, so ist bei der Prüfung mit der Wasserwage zu beachten, daß die Bedingungen der Methode erfüllt sind, wenn die Flächenelemente parallele Lage haben.

Fühlhebelmethode. Zu zwei Punkten der zu prüfenden Fläche wird die Seite eines breiten Lineals parallel ausgerichtet und dann der Fühlhebel mit dem Fuß auf dem Lineal und dem Fühlknopf auf der Fläche verschoben. Der Ausschlag des Fühlhebelzeigers ist bei ebenen Flächen konstant. Diese Prüfung ist nach mindestens zwei aufeinander senkrecht stehenden Richtungen auszuführen.

2. Prüfung einer geradlinigen Führung.

Die Führungsrichtung der bei normalen Werkstattsmaschinen vorkommenden Führungen mit hoher Arbeitsgenauigkeit ist geradlinig. Bei einer fehlerhaften Führung ist die Richtung bogen- oder schraubenförmig und seltener bei kurzer Führung und schlechter Arbeit wild kurvenförmig. Auch bei guten Führungen ändert sich die Führungsrichtung meist etwas, sobald der geführte Maschinenteil teilweise seine Führung verläßt. Es ist zu beachten, daß in einzelnen Fällen, in denen gute Führung vorgeschrieben ist, es genügt, wenn die Führungsrichtung in einer Ebene liegt, während sie in jeder anderen Richtung kleinere Fehler aufweisen darf, so z. B. bei der Querschlittenführung der Drehbänke, deren Richtung in einer Ebene senkrecht zur Spindelachse liegen muß.

Bei der Ausführung der Prüfung ist die Führung so einzustellen, wie sie im Betrieb gebraucht wird; eine Prüfung auf Genauigkeit und leichten Gang unter veränderten Bedingungen ist unzulässig.

Ausführung der Prüfung.

Lichtspaltmethode. An dem in der Führung bewegten Maschinenteil wird ein Zeiger befestigt und nach ihm ein Lineal so ausgerichtet, daß der Lichtspalt zwischen Zeiger und Lineal für die Anfangs- und Endstellung des Maschinenteils in der Führung konstante Breite hat, die bei geradliniger Führung über den ganzen Verlauf derselben bestehen muß. Die Stellungen von Lineal und Zeiger können gegenseitig vertauscht werden, so daß das Lineal am bewegten Maschinenteil, der Zeiger an der Führung befestigt wird. Die Prüfung ist nach zwei ungefähr aufeinander senkrecht stehenden Richtungen hin vorzunehmen.

Wasserwagenmethode. In einer Endstellung der Führung wird auf dem bewegten Maschinenteil eine Wasserwage ausgerichtet, die bei geradliniger Führung auf die ganze Länge derselben im Gleichgewicht sein muß. Dieser Versuch ist zweimal vorzunehmen: einmal steht die Wasserwage in Richtung der Verschiebung, einmal senkrecht dazu. Um die Führungsrichtung eindeutig zu bestimmen, sind diese Prüfungen in zwei aufeinander senkrecht stehenden Lagen auszuführen.

Nach der Fühlhebelmethode wird die Prüfung ebenso wie nach der Lichtspaltmethode vorgenommen, nur wird an Stelle des Lichtspaltes der Ausschlag des Fühlhebels beobachtet.

3. Prüfung einer Achse.

Die Achse ist die geometrische Linie, um die dreh- oder schwenkbare Maschinenteile sich bewegen. Im Raum gehalten wird die Achse durch Hals- und Spurlager. Das Halslager hat den Zweck, die Bewegung des gelagerten Maschinenteils um die Achse zu ermöglichen, das Spurlager den, eine Verschiebung in Richtung der Achse zu verhindern.

A. Prüfung von Halslagern.

Einwandfreie Lagerung eines Maschinenteils ist vorhanden, wenn seine Drehungsachse festliegt. Diese Bedingung ist erfüllt, wenn vollkommene Stützung vorhanden und außerdem Lagerstelle oder Lager ein Drehungskörper ist, der nur Unterbrechungen in dem Maße besitzen kann, daß die Stützung noch gewährleistet ist. Bei schlechter Ausführung der Lagerung kommen möglichst vermieden werden, bei guten Lagerungen darf er auf keinen Fall vorhanden sein.

Ausführung der Prüfung.

Ist der gelagerte Maschinenteil durch Form und Lage zur direkten Prüfung ungeeignet, so wird

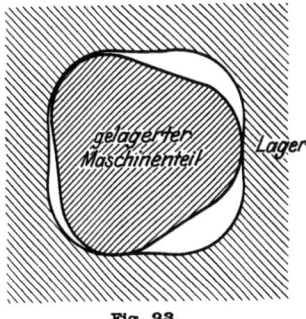

Fig. 23.

Lagerung ohne feste Drehungsachse bei vollkommener Stützung.

er durch einen zylindrischen Prüfdorn verlängert, der so ausgerichtet wird, daß seine geometrische Achse auch seine Drehungsachse ist. Gelingt es nicht, die beiden Achsen zur Deckung zu bringen, so ist der oben geschilderte Übelstand vorhanden.

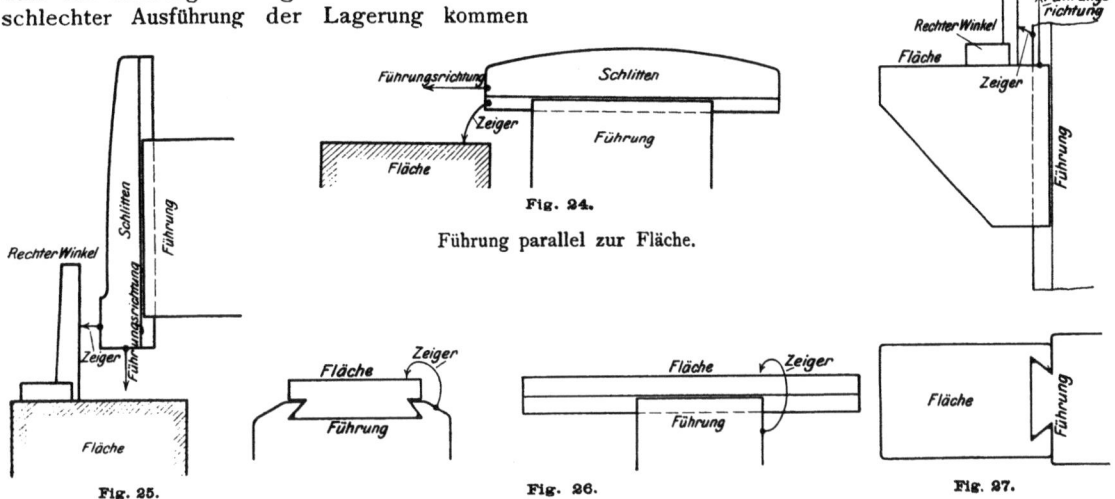

Fig. 24.

Führung parallel zur Fläche.

Fig. 25.

Führung senkrecht zur Fläche.

Fig. 26.

Führung parallel zur Fläche.

Fig. 27.

Führung senkrecht zur Fläche.

zwei Fehler vor, entweder das Lager ist zu groß, dann fehlt vollkommene Stützung — der gelagerte Maschinenteil „klappert" — oder die Lagerung ist derart, daß keine feste Drehungsachse vorhanden ist (Fig. 23). Eine geringe radiale Verschiebung wird meistens durch die Ölverdrängung in den Lagerstellen möglich sein; der zweite Fehler soll

Die Ausrichtung des Prüfdorns bereitet große Mühe und verlangt Übung und Geschicklichkeit. Die Ablesung des Fehlers geschieht nach der Lichtspaltmethode durch Anlegen eines Zeigers an den rotierenden Prüfdorn und Beobachten des Lichtspaltes oder durch Ansetzen des Fühlhebels, dessen Zeiger den Fehler angibt.

Die Prüfung der radialen Luft in der Lagerung wird vorgenommen, indem an den ausgerichteten Prüfdorn der Fühlhebel angelegt und der Maschinenteil durch kurze Stöße radial in der Lagerung bewegt wird. Dabei ist zu beachten, daß es von Einfluß ist, ob die Lagerstellen mit dünn- oder dickflüssigem Öl geschmiert sind und daß durch Stöße auch der Lagerkörper Verbiegungen erfahren kann, die die Luft in der Lagerung größer erscheinen lassen, als sie tatsächlich ist.

B. Prüfung von Spurlagern.

Die Lauffläche des Spurlagers ist eine Drehungsfläche, deren Achse mit der der gelagerten Spindel zusammenfallen muß, liegt die Lauffläche senkrecht zur Spindel, so genügt parallele Lage

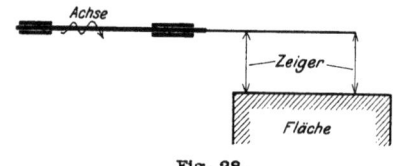

Fig. 28.

Achse parallel zur Fläche.

der Achsen. Ist diese Bedingung nicht erfüllt, so erfolgt mit der Drehung periodisch eine Längsverschiebung der Achse.

Ausführung der Prüfung.

Zur Prüfung der gekennzeichneten Längsverschiebung wird ein runder, zylindrischer Prüfdorn, dessen vordere Fläche genau senkrecht zu seiner Achse steht, an der rotierenden Spindel so ausgerichtet, daß die Mantelfläche gut läuft. Die Achsialbewegung der vorderen Fläche des

A. Die Fläche liegt fest und die Führung erfolgt unabhängig von der Fläche.

a. Führung parallel zur Fläche.

Lichtspaltmethode. Zur Prüfung wird am Schlitten ein Zeiger so befestigt, daß zwischen ihm und der Fläche ein feiner Lichtspalt entsteht, der an allen Stellen der Führung gleiche Breite hat, wenn die Führung zur Fläche parallel liegt (Fig. 24).

Nach der Fühlhebelmethode erfolgt die Prüfung in derselben Weise, wie nach der Lichtspaltmethode, nur wird an Stelle des Zeigers der Fühlhebel eingebaut, dessen Ausschlag beobachtet wird.

b. Führung senkrecht zur Fläche.

Diese Aufgabe wird bei der Ausführung der Prüfung auf die vorige zurückgeführt, indem auf der Fläche ein rechter Normalwinkel aufgesetzt wird, zu dessen freiem Schenkel die Führung parallel sein muß (Fig. 25). Die Prüfung ist zweimal

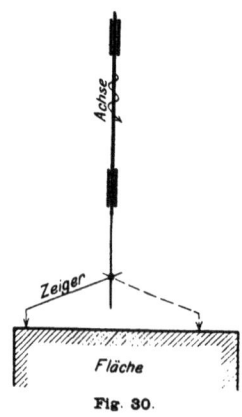

Fig. 30.

Achse senkrecht zur Fläche.

auszuführen, wobei die Lagen der Normalwinkel etwa senkrecht zueinander sein müssen.

B. Die Führung dient zum Verstellen der Fläche.

Für Flächen, die in Führungen verschoben werden, gelten folgende Lehrsätze:

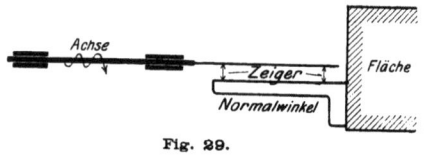

Fig. 29.

Achse senkrecht zur Fläche.

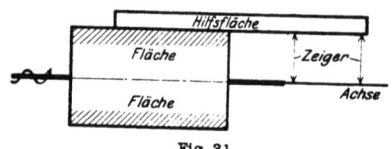

Fig 31.

Achse parallel zur Fläche.

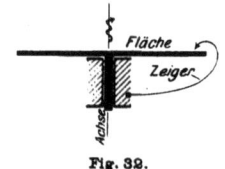

Fig. 32.

Achse senkrecht zur Fläche.

Prüfdorns ist dann gleich dem periodischen Verschiebungsfehler der Spindel. Die Größe des Fehlers kann nach der Lichtspalt- oder Fühlhebelmethode durch Beobachten der vorderen Fläche des Prüfdorns direkt abgelesen werden.

4. Prüfung der Lage einer Führung zu einer ebenen Fläche.

Dieser Prüfung hat die Kontrolle der Führungsrichtung und der Form der Fläche vorauszugehen.

α. Eine Fläche wird in Führungen parallel zu sich selbst nur dann verschoben, wenn die Führungsrichtung geradlinig ist (oder wenn sie kreisförmig ist und die Achse der Kreisführung senkrecht zur Fläche steht).

β. Wird eine Fläche in gerader Führung verschoben, so erfolgt im allgemeinen eine Verschiebung der Fläche in ihrer Richtung und eine Verschiebung senkrecht dazu. Die Verschiebung senkrecht zur Fläche fällt fort, wenn die Führung parallel zur Fläche liegt, eine Verschiebung in Richtung der Fläche ist nicht vorhanden, wenn die Führung senkrecht zur Fläche erfolgt.

a. Führung parallel zur Fläche.

Lichtspaltmethode. An der Führung wird ein Zeiger in der Weise festgemacht, daß zwischen ihm und der Fläche ein Lichtspalt vorhanden ist (Fig. 26). Wenn bei Verschiebung der Fläche in der Führung der Lichtspalt konstante Breite behält, ist die verlangte parallele Lage vorhanden.

Fühlhebelmethode. Die Ausführung der Prüfung ist ebenso wie nach der Lichtspaltmethode bei entsprechender Verwendung des Fühlhebels.

b. Führung senkrecht zur Fläche.

Auch bei dieser Prüfung wird die senkrechte in die parallele Lage umgewandelt, indem auf der Fläche ein rechter Normalwinkel aufgestellt wird. Die Prüfung ist für zwei sich kreuzende Lagen des Normalwinkels auszuführen (Fig. 27).

5. Prüfung der Lage einer Achse zu einer ebenen Fläche.

Dieser Prüfung hat diejenige auf die Lagerung der Achse und die Form der Fläche vorauszugehen.

A. Achse und Fläche sind unabhängig voneinander.

a. Achse parallel zur Fläche.

Lichtspaltmethode. Der Lichtspalt zwischen dem Prüfdorn und der Fläche wird beobachtet; bei paralleler Lage der Achse zur Fläche ist er an allen Stellen gleich breit (Fig. 28).

Wasserwagenmethode. Die Fläche wird nach der Wasserwage ausgerichtet, dann muß, wenn parallele Lage vorhanden ist, die Wasserwage auf der Achse einspielen.

Fühlhebelmethode. An zwei Stellen im Abstande der Meßlänge wird der Fühlhebel auf der Fläche an die Achse so angelegt, daß der Fühlknopf die tiefste der Fläche zugekehrte Stelle berührt. Der Ausschlag des Fühlhebelzeigers ist bei paralleler Lage von Achse und Fläche an beiden Stellen gleich groß.

b. Achse senkrecht zur Fläche.

Diese Aufgabe kann auf „Achse parallel zur Fläche" zurückgeführt werden, indem auf der Fläche ein rechter Normalwinkel in zwei etwa aufeinander senkrechten Lagen aufgestellt wird, zu dessen freiem Schenkel die Achse parallel sein muß (Fig. 29).

In anderer Weise kann die Aufgabe nach folgenden Methoden gelöst werden.

Lichtspaltmethode. An der Achse wird ein Zeiger befestigt, dessen Spitze der Fläche zugekehrt ist und mit dieser einen feinen Lichtspalt bildet (Fig. 30). Bei Drehung der Achse beschreibt der Zeiger über der Fläche einen Kreis; der Lichtspalt muß an jeder Stelle gleich groß sein, wenn die senkrechte Lage der Achse zur Fläche vorhanden ist.

Wasserwagenmethode. Die Prüfung wird ebenso wie bei „Achse parallel zur Fläche" vorgenommen, nur wird entweder die Fläche nach der Winkelwasserwage ausgerichtet, oder die Achse mit einer solchen kontrolliert.

Die Fühlhebelmethode wird wie die Lichtspaltmethode angewendet, nur wird an der rotierenden Achse der Fühlhebel so befestigt, daß der Knopf die Fläche berührt. Der Durchmesser des Kreises, den der Fühlhebelknopf beschreibt, ist die Meßlänge; die Veränderung des Ausschlages des Fühlhebelzeigers gibt die Größe des Fehlers an.

B. Die Achse dient zum Schwenken der Fläche.

Lehrsatz: Wird eine ebene Fläche um eine Achse geschwenkt, so bewegt sich die Fläche in ihrer eigenen Ebene nur dann, wenn die Achse auf der Fläche senkrecht steht.

a. Achse parallel zur Fläche.

An der Achse wird ein Prüfdorn laufend befestigt und die Fläche durch eine Hilfsfläche geeignet verlängert, so daß die Lage des Prüfdorns zur Hilfsfläche in derselben Weise geprüft werden kann wie im Falle A a (Fig. 31).

b. Achse senkrecht zur Fläche.

Lichtspaltmethode. An dem Lagerkörper wird ein Zeiger so befestigt, daß zwischen ihm und der Fläche ein feiner Lichtspalt entsteht. Die Breite des Lichtspaltes bleibt bei der Drehung der Fläche erhalten, wenn die Drehungsachse zur Fläche senkrecht steht. Die Meßlänge ist gleich dem Durchmesser des von der Zeigerspitze über der Fläche beschriebenen Kreises (Fig. 32).

Wasserwagenmethode. Die Fläche wird nach der Wasserwage ausgerichtet und dann um ihre Achse gedreht; bleibt die Wage im Gleichgewicht, so steht die Achse senkrecht auf der Fläche.

Die Fühlhebelmethode entspricht in ihrer Anwendung der Lichtspaltmethode.

6. Prüfung der Lage einer Führung zu einer Achse.

Dieser Prüfung hat die Kontrolle der Führungsrichtung und der Lagerung der Achse vorauszugehen.

A. Die Führung ist unabhängig von der Achse.

a. Führung parallel zur Achse.

Lichtspaltmethode. An der Führung wird ein Zeiger so befestigt, daß zwischen ihm und einer der Führung zugekehrten Mantellinie des Prüfdorns einmal und einer dazu um 90° versetzt liegenden Mantellinie ein andermal ein Beobachtungslichtspalt entsteht, dessen Breite in beiden

Fällen über den ganzen Verlauf der Führung konstant sein muß (Fig. 33).

Die Fühlhebelmethode kommt in derselben Weise zur Anwendung wie die Lichtspaltmethode.

Fig. 33.
Führung parallel zur Achse.

b. **Führung senkrecht zur Achse.**

An der Achse wird eine Planscheibe so ausgerichtet, daß sie einwandfrei läuft. Zu der laufenden Seite der Planfläche muß die Führung parallel sein, wenn sie zur Achse senkrecht liegen soll. In dieser Weise wird die Aufgabe auf die bereits früher gelöste „Führung parallel zur Fläche" zurückgeführt (Fig. 34).

B. **Die Führung dient zum Verstellen der Achse.**

Lehrsatz: Wird eine Achse in geradliniger Führung verschoben, so erfolgt im allgemeinen eine Längsverschiebung und eine Parallelverschiebung; die Längsverschiebung fällt fort, und es tritt nur Parallelverschiebung ein, wenn die Führungsrichtung senkrecht zur Achse steht. Parallelverschiebung ist nicht vorhanden und es bleibt allein Längsverschiebung bestehen, wenn die Führungsrichtung parallel zur Achse ist.

enthalten sie Erhöhungen oder Vertiefungen, oder bestehen sie nur aus einigen Punkten, so können durch entsprechende Meßplatten oder Winkel brauchbare Meßflächen erzeugt werden. Liegen die

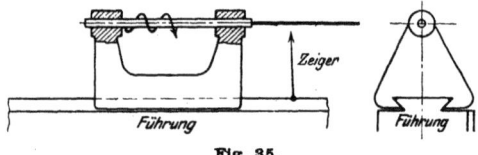

Fig. 35.
Führung parallel zur Achse.

Flächen so, daß eine direkte Prüfung nicht möglich ist, so werden Hilfsflächen eingerichtet (Fig. 37).

a. **Parallele Flächen.**

Lichtspaltmethode. An einer Platte mit gerader Grundfläche wird ein Zeiger so befestigt, daß, wenn die Platte auf der ersten Fläche gleitet, der Zeiger mit der zweiten Fläche einen feinen Lichtspalt bildet, der bei parallelen Flächen von konstanter Breite über den ganzen Verlauf der Flächen sein muß. Zweckmäßig werden die Flächen nach zwei aufeinander etwa senkrecht stehenden Richtungen untersucht.

Wasserwagenmethode. Eine Fläche wird nach der Wasserwage ausgerichtet, dann muß auf der anderen Fläche die Wasserwage in jeder Stellung einspielen, wenn die Flächen parallel sind.

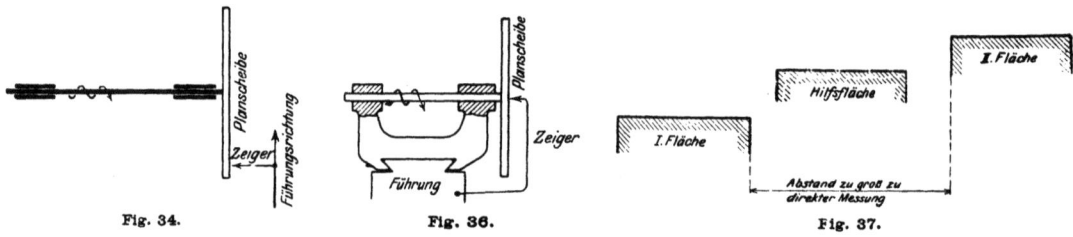

Fig. 34.   Fig. 36.   Fig. 37.

Führung senkrecht zur Achse.   Führung senkrecht zur Achse.   Fläche parallel zur Fläche.

a. **Führung parallel zur Achse.**

Lichtspaltmethode. Die Prüfung ist ebenso wie im Falle A a, nur sitzen die Zeiger am festliegenden Teil der Führung, und die Achse wird an den Zeigern entlang geführt (Fig. 35).

Die Fühlhebelmethode gleicht in der Anwendung der Lichtspaltmethode.

b. **Führung senkrecht zur Achse.**

An der Achse wird wie bei der Aufgabe A b eine Planscheibe laufend ausgerichtet. Zu der so entstandenen Fläche muß die Führungsrichtung wiederum parallel sein (Fig. 36).

7. **Prüfung der Lage zweier ebener Flächen zueinander.**

Der Prüfung der Lage hat stets die der Güte vorauszugehen. Sind die Flächen unzugänglich,

Die Fühlhebelmethode gleicht in der Ausführung der Lichtspaltmethode.

b. **Senkrechte Flächen.**

Lichtspaltmethode. Ein Winkel mit breiter Anschlagleiste wird auf einer Fläche aufgesetzt und der Lichtspalt zwischen der zweiten Fläche und dem freien Schenkel des Winkels beobachtet. Bei senkrechten Flächen ist der Lichtspalt über seinen ganzen Verlauf von gleicher Breite.

Wasserwagenmethode. Eine Fläche wird nach der Wasserwage ausgerichtet, dann auf die andere Fläche eine Winkel- oder Rahmenwasserwage gesetzt, die in jeder Stellung einspielen muß.

Fühlhebelmethode. Auf der einen Fläche wird ein rechter Normalwinkel so ausgerichtet, daß die freie Fläche der zweiten zu prüfenden

Fläche parallel ist, und damit diese Aufgabe auf die „parallelen Flächen" zurückgeführt.

8. Prüfung der Lage zweier Achsen zueinander (Fig. 38).

Der Prüfung hat die Kontrolle der Achslagerungen vorauszugehen.

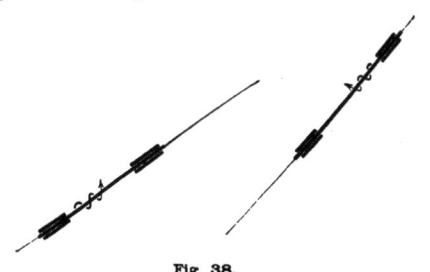

Fig 38.

Achsen in einer Ebene.

a. Achse parallel zur Achse (Fig. 39).

Parallele Lage der Achsen ist dann vorhanden, wenn die eine Achse zu jeder Fläche, der die andere Achse parallel ist, auch parallel liegt. Die Prüfung ist einwandfrei durchgeführt, wenn parallele Lage der Achsen zu zwei senkrecht zueinander stehenden Flächen nachgewiesen ist. Die Aufgabe „Achse parallel zur Fläche" ist bereits früher gelöst. In anderer Weise ist die Prüfung möglich, wenn zu einer Achse eine senkrechte Hilfsfläche konstruiert wird, zu der auch die andere Achse senkrecht liegen muß. Auch Lösungen für die Aufgabe „Achse senkrecht zur Fläche" sind gegeben worden. Ebenso läßt sich diese Aufgabe auf die „Achse parallel Führung" und „Achse senkrecht Führung" zurückbringen (Fig. 28 bis 32).

Fig. 39.

Achse parallel zur Achse.

Zwei Achsen liegen in einer Flucht.

α. Die Achsen liegen in demselben Maschinenteil.

Dieser Fall ist bei allen Werkzeugmaschinen zu prüfen, bei denen z. B. die Arbeitsspindel ein Element (Kegel oder Gewindezapfen) zur Befestigung des Werkzeuges bzw. Arbeitsstückes enthält, dessen Achse mit der Drehungsachse der Arbeitsspindel zusammenfallen muß. Die konstruktive Ausführung ist dann so, daß Achse I relativ zu Achse II festliegt, diese aber in Lagern drehbar ist (Fig. 40).

Lichtspaltmethode. Annähernd parallel zu einer Mantellinie des Prüfdorns an Achse I wird eine Hilfsfläche ausgerichtet und die Breite des Lichtspaltes bei der Drehung der Achse beobachtet. Decken sich die beiden Achsen, so behält der Lichtspalt bei Drehung der Achse II seine Breite. Statt der Hilfsfläche kann eine Führung ungefähr parallel zu einer Mantellinie des Prüfdorns ausgerichtet werden. Wird dann an der Führung ein Zeiger so befestigt, daß er mit dem Prüfdorn einen Lichtspalt bildet, so muß die Breite des Lichtspaltes bei Drehung der Achse gewahrt bleiben. Diese Prüfung ist an zwei Stellen des Prüfdornes im Abstande der Meßlänge auszuführen.

Die Fühlhebelmethode löst die Aufgabe in gleicher Weise wie die Lichtspaltmethode unter Anwendung des Fühlhebels.

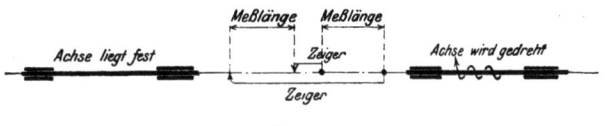

Fig. 40.

Achsen in einer Flucht.

β. Die Achsen liegen in getrennten Maschinenteilen.

Jede Fläche, die einer Achse parallel ist und von ihr einen bestimmten Abstand hat, muß auch in demselben Abstande zur anderen Achse parallel sein. Eine andere Lösung gibt das folgende Verfahren.

Lichtspaltmethode. An zwei Stellen des Prüfdornes der einen Achse im Abstande der Meßlänge werden Zeiger so befestigt, daß zwischen ihnen und zwei entsprechenden Stellen ebenfalls im Abstande der Meßlänge am Prüfdorn der anderen Achse ein feiner Lichtspalt entsteht, der bei Drehung der Achse, welche die Zeiger trägt, von konstanter Breite sein muß (Fig. 40).

Die Fühlhebelmethode entspricht in ihrer Anwendung der Lichtspaltmethode.

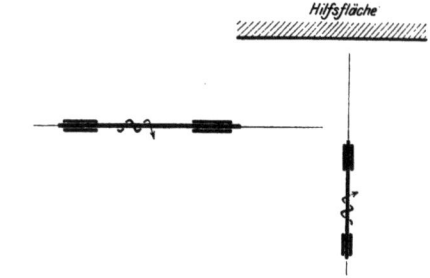

Fig. 41.

Achse senkrecht zur Achse.

b. Achse senkrecht zur Achse.

Zur Prüfung wird senkrecht zu einer Achse eine Hilfsfläche oder Führung ausgerichtet, die zur anderen Achse parallel sein muß. Die Prüfung zerfällt auf diese Weise in zwei Teilprüfungen, zu denen Prüfungsmethoden bereits gegeben sind (Fig. 41).

9. Prüfung der Lage zweier Führungen zueinander.

Dieser Prüfung geht die der Führungsrichtung voraus.

a. Führung parallel zur Führung.

Parallel zu einer Führung wird eine Fläche ausgerichtet, zu der auch die zweite Führung parallel sein muß. Die Prüfungsmethoden sind im Abschnitt „Führung parallel zur Fläche" gegeben worden. Der Versuch ist für zwei verschiedene Lagen der Fläche auszuführen.

b. Führung senkrecht zur Führung.

Senkrecht zu einer Führung wird eine Hilfsfläche konstruiert, zu der die zweite Führung parallel liegt. Die Prüfungsmethoden sind im Abschnitt „Prüfung der Lage einer Führung zu einer Fläche" enthalten.

10. Prüfung der Abwälzung von Schnecken- und Zahnradübersetzungen.

Von einer Welle werde die Bewegung mit Hilfe von Schnecken- oder Zahnradübersetzungen auf eine andere Welle übertragen, und es ist festzustellen, ob die Winkelgeschwindigkeit beider

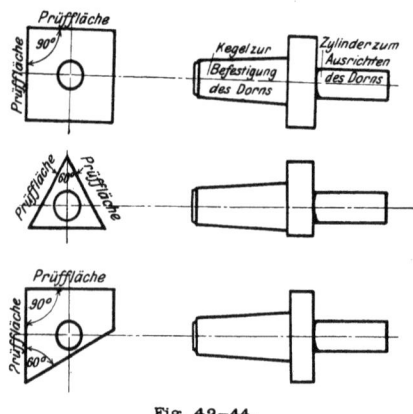

Fig. 42—44.

Prüfdorne zum Feststellen von Abwälzungsfehlern.

Wellen in einem festen Verhältnis liegt. Die Prüfung geschieht durch einige Stichproben. An der getriebenen Welle wird ein Prüfdorn, der etwa vier größere ebene Flächen trägt (von denen nur zwei Meßflächen zu sein brauchen), die zueinander senkrecht und zur Achse parallel liegen, laufend befestigt und so ausgerichtet, daß eine der Flächen zu einer festliegenden Hilfsebene parallel ist (Fig. 42—44) Wird nunmehr die treibende Welle in dem Maße gedreht, daß die getriebene $1/4$ Umdrehung machen muß, so steht alsdann die früher beobachtete Fläche des Prüfdornes senkrecht, ihre Nachbarfläche parallel zur Hilfsfläche. Ist diese Lage nicht vorhanden, so liegt ein Abwälzungsfehler in den Zahnradgetrieben vor. Das Maß der Drehung der treibenden Welle kann durch eine Teilscheibe oder ebenfalls durch einen Dorn mit ebenen Flächen festgelegt werden. Die Ausführung der Messung kann nach der Lichtspalt-, Fühlhebel- und Wasserwagenmethode geschehen, nach letzterer Methode ist die Einrichtung der Hilfsfläche nicht erforderlich.

Durch Drehen des Prüfdornes der getriebenen Welle relativ zu dieser kann die Prüfung für jedes beliebige Stück der Verzahnung ausgeführt werden.

Der tote Gang in den Getrieben ist naturgemäß stets nach der nämlichen Richtung zu beseitigen.

Bedingung dafür, daß die Fehler der Verzahnung richtig zu erkennen sind, ist, daß alle anderen Mängel der Getriebe beseitigt sind. Diese Mängel können sein: Schlagfehler der Schnecken oder Zahnräder, Unrundlaufen der Achsen, Spurlagerungsfehler bei Scknecken, Schneckenrädern und Kegelrädern.

V. Pläne für die Prüfung der Arbeitsgenauigkeit von Werkzeugmaschinen.

Um bei der Prüfung der Arbeitsgenauigkeiten wichtige Untersuchungen nicht zu vergessen und um die Genauigkeitsgrenzen schriftlich festzulegen, wird der Prüfungsplan aufgestellt; er bildet einen Teil des Abnahmezeugnisses und wird den Prüfungsbeamten als Richtschnur an die Hand gegeben. Die Aufstellung des Prüfungsplanes macht eingehende Kenntnis der Konstruktion der Maschine, ihrer Arbeitsweise und der Arbeitsstücke zur Bedingung, welche auf der besonderen Maschine hergestellt werden sollen. Einfach liegen die Verhältnisse bei der Bestimmung der Arbeitsgenauigkeit von Spezialmaschinen. Hier ist das Arbeitsstück vorhanden, seine Genauigkeiten sind gegeben, und die Werkzeuge sind bekannt, so daß die notwendigen Arbeitsgenauigkeiten durch einen Versuch bestimmt werden können, wenn nicht ihre Größe durch Überlegung zu finden ist.

Ähnlich liegen die Verhältnisse bei vielseitig verwendbaren Werkzeugmaschinen, die zu Spezialmaschinen geworden sind, dadurch daß auf ihnen immer wieder nur eine und dieselbe Arbeit hergestellt wird. In größeren Betrieben gibt es eine ganze Anzahl solcher Maschinen. Da sind Fräsmaschinen, auf denen nur Leitspindeln vorgefräst, dann wieder Drehbänke, auf denen nur Leitspindeln fertig geschnitten werden; da sind Fräsmaschinen, auf denen das ganze Jahr hindurch Keilstahl in Abschnitte von verschiedener Länge zerlegt wird, u. a. m. Bei Maschinen dieser Art, die vielseitig verwendbar sind, aber durch ihre Anwendung zu Spezialmaschinen wurden, sind die Grenzen der Arbeitsgenauigkeit ebenso wie bei Spezialmaschinen ausgehend vom besonderen Arbeitsstück festzusetzen.

Anders bei den marktgängigen Werkzeugmaschinen, bei denen der Hersteller nicht weiß, welche Art Arbeitsstücke der Käufer auf ihnen herstellen will. Der Fabrikant hat ein großes Interesse, die Maschinen mit möglichst weiten Genauigkeitsgrenzen herzustellen, und für den Käufer haben Maschinen, deren Genauigkeit nicht ausgenutzt werden kann, keinen besonderen Wert. Immerhin muß die Arbeitsgenauigkeit bei erstklassigen Maschinen so groß sein, daß sie allen

Fig. 45.

Spezial-Bohrmaschine (für Manometer- usw. Röhrchen).

Größte Bohrtiefe	400 mm
Durchmesser der Bohrung der Arbeitsspindel	18 „
Nettogewicht der Maschine	300 kg

vernünftigen Anforderungen der Praxis genügt. Streng genommen gilt ein Prüfungsplan nur für die bestimmte Maschine, für die er aufgestellt ist, so daß die im folgenden gegebenen Prüfungspläne lediglich als Beispiele anzusehen sind.

Bei der Prüfung von Fabrikationsmaschinen dürfen in vielen Fällen die Grenzen für die Arbeitsgenauigkeit weiter gezogen werden, als für den Maschinentyp sonst zulässig erscheint, da der geschickte Arbeiter oft den Einfluß von Fehlern in den einzelnen Getriebeteilen auf das Arbeitsstück durch kleine Hifsmittel zu beseitigen vermag; so kann z. B. bei einer Drehbank, deren Reitstock nicht die gleiche Spitzenhöhe hat wie der Spindelkasten, durch Unterlegen von Papier- oder dünnen Blechstreifen der Fehler ausgeglichen werden; durch dieselben Hilfsmitttel kann eine geringe Verschwenkung des Reitstocks oder des Spindelkastens erreicht werden. In einem anderen Falle korrigiert ein mehr oder weniger starker Druck gegen die Führungsprismen die Führungsrichtung eines Schlittens.

Die Genauigkeitsziffern der folgenden Prüfungspläne sind unter der Annahme aufgestellt, daß die Fabrik, welche die Maschinen baut, über die besten Mittel der modernen Werkstatttechnik verfügt. Bei der Verteilung des zulässigen Gesamtfehlers auf die einzelnen Mechanismen der Maschine wurde von dem Grundsatz ausgegangen, daß für diejenigen Bedingungen, welche am leichtesten zu erfüllen sind, die größte Genauigkeit vorzuschreiben ist.

A. Prüfung einer Spezialmaschine.

Die abgebildete Maschine (Fig. 45) ist eine Bohrmaschine für kleinere Bohrungen von größerer Länge; sie ist nach dem Prinzip der Drehbank gebaut; das Arbeitsstück führt die Schneidbewegung, das Werkzeug die Vorschubbewegung aus. Zur Verwendung kommen Kanonenbohrer, mit einer offenen durchgehenden Nut, durch die die Späne von der Arbeitsstelle abfließen, und einer gedeckten Nut, durch die Kühlmaterial an die Arbeitsstelle geführt wird. Das Kühlmaterial steht unter einem solchen Druck, daß es die Späne aus dem Arbeitsstück herausspült. Die Arbeitsspindel nimmt das Arbeitsstück auf und erhält ihren Antrieb durch einen Riemen vom Deckenvorgelege. Das Werkzeug ist im Bohrkopf befestigt, der mit den erforderlichen Hilfseinrichtungen zur Zuführung von Preßflüssigkeit ausgestattet ist. Lange Werkzeuge werden vor dem Arbeitsstück in einer einstellbaren Büchse geführt, damit ein Verbiegen des freitragenden Endes des Werkzeuges vermieden wird.

Der Fehler, den schlecht gebaute Maschinen zeigen, ist das „Verlaufen" des Bohrers bei der Arbeit. Da nun überdies bei langen Bohrungen selbst bei größter Vorsicht leicht dieser Übelstand eintritt, wird von der Maschine erwartet, daß sie in den Teilen, welche die Arbeitsgenauigkeit ausmachen, so gebaut ist, daß durch Fehler in den Mechanismen das Verlaufen der Bohrer nach Möglichkeit ausgeschaltet ist. Die wesent-

— 22 —

lichsten Bedingungen sind, daß das Arbeitsstück gut rund läuft, und daß die Achsen der Spindel und des Bohrers sich in allen Stellungen decken.

Prüfungsplan.

	zulässiger Fehler
1. Arbeitsspindel läuft rund in den Lagern	0,001 mm
2. Spurlagerungsfehler der Arbeitsspindel	0,02 „
3. Aufnahmeloch in der Arbeitsspindel läuft	V.*)
4. Arbeitsspindel parallel Führung für Bohrkopf in wagerechter Ebene / in senkrechter Ebene \	III.
5. Arbeitsspindelachse in Linie mit Bohrkopfachse	IV.
6. Arbeitsspindelachse in Linie mit Bohrbüchsenachse	III.

Bemerkungen zum Prüfungsplan.

Zu 1. Jeder Fehler dieser Art gibt dem Bohrer Veranlassung zum Verlaufen, darum sollte der Fehler so klein als irgend möglich sein.

Zu 2. Dieser Fehler ist bei der vorliegenden Maschine von untergeordneter Bedeutung. Die Fehlergrenze wurde auf 0,02 mm festgesetzt unter der Annahme, daß diese in jeder guten Fabrik unterschritten wird.

Zu 3. Diese Ungenauigkeit verursacht auf die größte Bohrtiefe von 400 mm einen Schlagfehler des Loches von 0,04 mm. In Anbetracht, daß auf diese Bohrtiefe bei vorsichtigster Arbeit und bestem Werkzeuge sich erfahrungsgemäß der Bohrer um ein Vielfaches dieses Betrages verläuft, ist die angenommene Fehlergrenze zulässig.

Zu 4. Gute parallele Lage zwischen Arbeitsspindel

*) Vgl. Tabelle WT. 1910, Seite 622.

und Bettführung muß so weit in hohem Maße vorhanden sein, als die Führung zum Verstellen des Bohrbüchsenhalters dient; der Teil der Führung, auf dem allein der Bohrkopf verschoben wird, darf größere Fehler aufweisen.

Zu 5 u. 6. Liegen die Achsen nicht in einer Linie, so führt das Bohrwerkzeug bei jeder Drehung der Arbeitsspindel eine kreispendelnde Bewegung aus, die Veranlassung zum Verlaufen bietet. Bei dem Bohrkopf kann die Grenze höher liegen als bei der Bohrbüchse, da bei längeren Bohrungen selten ein freitragender Bohrer Verwendung finden wird.

B. Prüfung einer spezialisierten Werkzeugmaschine.

Die in Fig. 46 abgebildete Langfräsmaschine wurde zum Fräsen von Prismenführungen angeschafft und wird ausschließlich für diesen Zweck verwendet. In Fig. 47 ist ein komplizierter Werkzeugsatz und ein mit diesem gefrästes Arbeitsstück daigestellt. Die Führungen werden auf der Maschine vorgearbeitet und durch Schaben fertiggestellt. Von der gefrästen Führung wird verlangt, daß ihr Profil richtig und die Führungsrichtung geradlinig ist. Die Lage der Führung zum Gußstück ist von untergeordneter Bedeutung.

Fig. 46.

Langfräsmaschine.

Tischfläche ausschließlich Wasserrinne	2150 × 600 mm
Selbstgang des Langschlittens	2000 „
Nettogewicht der Maschine	rd. 4000 kg

Prüfungsplan.

	zulässiger Fehler:
1. Arbeitspindel läuft rund in den Lagern	0,01 mm,
2. Spurlagerungsfehler der Arbeitspindel	0,01 „
3. Kegel in der Arbeitspindel läuft	IV.*)
4. Führungsrichtung des Spindelkastens geradlinig in Ebene senkrecht zur Tischführungsrichtung projiziert	V.
5. Arbeitspindel in Linie mit Fräsdorngegenlager	IV.
6. Arbeitspindel parallel Tischfläche	VI.
7. Arbeitspindel senkrecht Richtung der ⊥-Nuten	VIII.
8. Tischfläche eben	V.
9. Führungsrichtung des Tisches geradlinig in senkrechter Ebene	III.
desgl. in wagerechter Ebene	III.
10. Führungsrichtung parallel zu Tischfläche	VIII.
11. Führungsrichtung senkrecht zur Arbeitspindel	VI.

vorliegende benutzt werden, nicht von großer Bedeutung, da die Fehler im Werkzeug und dessen Schlagfehler auf dem Dorn meist größer sind als die Fehler in der Arbeitspindel, selbst wenn die Fräser auf dem Dorn geschliffen wurden.

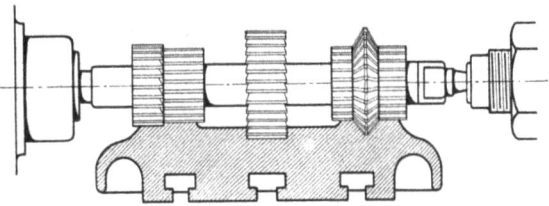

Fig. 47.

Fräsersatz einer Langfräsmaschine.

Zu 2. Fehler dieser Art verursachen eine Verzerrung des gefrästen Profils. Die angegebene Fehlergrenze ist zulässig, da das Profil nachgeschabt wird.

Zu 3. Der Einfluß dieses Fehlers ist nicht sehr schwerwiegend, da die Fräser fast immer größere Schlagfehler aufweisen. Auch läßt sich der Fehler beseitigen, wenn der Fräsdorn den entgegengesetzten Fehler erhält oder durch Unterlagen von Papier ausgerichtet wird.

Zu 4. Nur diese Forderung ist zu erfüllen, im übrigen kann die Führungsrichtung kreisbogenförmig sein.

Zu 5. Diese Bedingung ist leicht zu erfüllen, da das Gegenlager auf der Maschine durch ein Werkzeug, das in der Spindel laufend eingespannt ist, ausgeschlagen wird.

Zu 6, 7 u. 10. Fehler dieser Art verursachen, daß die Richtung der gefrästen Führung schief zum Gußstück liegt. Die Fehler können im vorliegenden Falle ziemlich groß werden, ehe sie sich als störend bemerkbar machen.

Fig. 48. Drehbank.

Spitzenhöhe	150 mm
Spitzenentfernung, größte	920 „
Bettlänge	1750 „
Nettogewicht der Maschine	ca. 500 kg

Bemerkungen zum Prüfungsplan.

Zu 1. Geringes Unrundlaufen der Arbeitspindel ist bei Maschinen, die in der Weise wie die

Zu 8. Auf nicht ebener Tischfläche werden die Arbeitstücke in verspanntem Zustand gefräst, so daß, später entspannt, sie krumm sind. Zu berücksichtigen ist, daß in vielen Fällen die bei der

*) Vergl. Tabelle WT. 1910 Seite 622.

Bearbeitung frei werdenden Materialspannungen beträchtlichere Fehler hervorrufen als die Verspannungen bei mäßig ungenauem Tisch.

Zu 9. Die Richtung der gefrästen Führung ist im wesentlichen parallel der Führungsrichtung des Frästisches. Je größer der Fehler ist, um so mehr Mühe macht das Fertigschaben der gefrästen Führung.

Zu 11. Dieser Fehler hat zur Folge, daß das gefräste Profil nicht mit dem Fräserprofil übereinstimmt. Solange der Fehler klein genug ist, läßt er sich bei dem Nachschaben der gefrästen Flächen beseitigen.

C. Prüfung einer Drehbank.

Die in Fig. 48 abgebildete Drehbank mit Leit- und Zugspindel wird als Präzisionsmaschine für allgemeinen Bedarf gebaut. Von der fertigen Maschine werde verlangt, wenn sie gut ausgerichtet und sicher aufgestellt ist, daß auf ihr ein Schiebesitz von 35 mm Durchmesser und 120 mm Länge maschinenfertig gedreht werden kann und eine Planfläche von 250 mm Durchmesser nicht mehr als 0,025 mm hohl, aber nicht ballig herzustellen ist. Von der Prüfung der Richtigkeit der Leitspindel wird Abstand genommen.

Prüfungsplan.

	zulässiger Fehler:
1. Arbeitspindel läuft rund in den Lagern	0,001 mm,
2. Spurlagerungsfehler der Arbeitspindel	0,001 „
3. Kegel in der Arbeitspindel läuft	IV.*)
4. Gewinde auf der Arbeitspindel läuft	IV.
5. vordere Bundfläche der Arbeitspindel läuft	0,005 mm,
6. Reitstockführung geradlinig: in senkrechter Ebene	II.*)
desgl. in wagerechter Ebene	II.
7. Bettschlitten geradlinig: in senkrechter Ebene	II.
desgl. in wagerechter Ebene	I.
8. Arbeitspindel in Linie mit Reitstockachse	IV.
9. Pinolenverschiebung parallel Reitstockführung	IV.
10. Arbeitspindel parallel Supportführung: in wagerechter Ebene	IV.
desgl. in senkrechter Ebene	V.
11. Supportführung parallel Reitstockführung	V.
12. Quersupportführung senkrecht zur Arbeitspindel: hohl	VI.
desgl. ballig	III.
13. Dorn zwischen Spitzen parallel Supportführung in senkrechter Ebene	V.
desgl. in wagerechter Ebene	IV.
14. Spurlagerungsfehler der Leitspindel	0,001 mm.

*) Vergl. Tabelle WT. 1910 Seite 622.

Bemerkungen zum Prüfungsplan.

Zu 1. Dieser Fehler bewirkt, daß Arbeitstücke auf der Maschine gedreht, unrund werden, und macht sich dadurch oft unangenehm bemerkbar.

Zu 2. Auf einer Bank mit einem größeren Spurlagerungsfehler läßt sich niemals eine brauchbare Planfläche drehen; auch bei dem Schneiden genauer Gewinde kann ein Spurlagerungsfehler den Wert einer sehr genauen Leitspindel illusorisch machen.

Zu 3 und 4. Es ist erwünscht, daß Kegel und Gewinde gut laufen, doch schaden kleinere Fehler nicht sehr, da deren Einfluß dadurch beseitigt werden kann, daß die Bankspitze in der laufenden Spindel geschliffen wird und die auf dem Gewinde der Spindel aufgeschraubten Laufscheiben der Futter usw. auf der Bank selbst fertiggedreht werden.

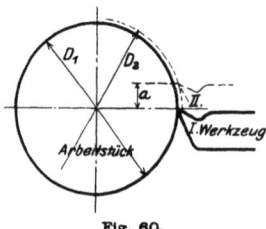

a Höhenverstellung des Drehstahls;
D_1 erzielter Durchmesser bei Stellung I des Werkzeuges;
D_2 erzielter Durchmesser bei Stellung II des Werkzeuges;
bei normalen Verhältnissen ist $a > D_2 - D_1$.

Fig. 60.

Einfluß der Höhenverstellung des Drehstahls auf die Größe des gedrehten Durchmessers.

Zu 5. Dieser Fehler kann und soll sehr klein gehalten werden, denn es ist möglich, daß ein Futter fest gegen die Bundfläche geschraubt den Gewindezapfen der Arbeitspindel verbiegt, wenn Bundfläche und Gewindezapfen nicht zusammen laufen.

Zu 6. Diese Bedingung muß erfüllt sein, damit die Stellung des Reitstockes auf die Arbeitsgenauigkeit der Maschine bei „Spitzenarbeit" von geringem Einfluß ist. In senkrechter Ebene könnten die Fehler etwas größer sein als in wagerechter, weil sie dort die Arbeitsgenauigkeit weniger herabsetzen (vergl. Fig. 60).

Zu 7. Auch hier kommt es vor allem auf die Führungsrichtung in wagerechter Ebene an, während ein Fehler in senkrechter Ebene nur Einfluß auf die Höhenstellung des Werkzeuges hat, mithin von untergeordneter Bedeutung ist.

Zu 8. Ein Fehler dieser Art in wagerechter Ebene läßt sich beseitigen, da der Reitstock eine Querverschiebungsmöglichkeit besitzt; anders der Fehler in senkrechter Ebene, doch ist dessen Einfluß aus dem gleichen Grunde wie bei 7. nicht sehr schwerwiegend.

Zu 9. Dieser Fehler soll klein sein, damit nicht bei jeder Stellung der Pinole der Reitstock neu ausgerichtet werden muß. Auch hier gilt das bei 7. Gesagte.

Zu 10. Um hier die Arbeitsgenauigkeit festsetzen zu können, wird von der Genauigkeitsforderung ausgegangen, die verlangt, daß ein maschinenfertiger Schiebesitz von 35 mm Durchmesser und 120 mm Länge herzustellen ist. Nach Tabelle 1 sind für 35 mm Schiebesitz die Grenzmaße für die Welle um 0,017 mm verschieden. Diese Differenz ist das Maß, um welches die Welle auf die Länge der Pressung konisch oder dergl. sein darf.

Die hauptsächlichsten Komponenten des Fehlers sind bei einer guten Maschine:

a) Fehler in der parallelen Lage der Supportführung zur Arbeitsspindel in wagerechter Ebene gesehen (in senkrechter Ebene ist en wie bei 7. untergeordneter);

b) Unsicherheit im Erreichen des gewünschten Maßes;

c) Federungen und kleinere Fehler in Maschine und Werkzeug;

d) Abnutzung des Werkzeuges an der Schneide.

In den Figuren 49–52 ist das Zusammenwirken der Fehler gezeigt und zwar in Fig. 49 u. 50 bei dem Drehen eines Bolzens und in Fig. 51 und 52 bei dem Drehen einer Bohrung. Die Fig. 50 und 52 bzw. 49 und 51 unterscheiden sich dadurch, daß das eine Mal die Stahlabnutzung den Maschinenfehler vergrößert, das andere Mal ihn herabsetzt. Der letztere Fall ist anzustreben und wird auch von dem geübten Dreher ausgeführt, so daß mit diesem Falle im folgenden gerechnet werden darf.

$\overline{AA}$ und $\overline{BB}$ sind der zulässig größte und kleinste Durchmesser der Passung, so daß $\overline{AA} - \overline{BB}$ die Toleranz bedeutet. $\overline{AC} = \overline{CD}$ ist die Grenze, unterhalb welcher das Erreichen einer bestimmten Maßgenauigkeit von Zufälligkeiten abhängig ist. Innerhalb der Flächen DBG und AGH, die willkürlich als geradlinig begrenzt angenommen wurden, bewegt sich die Maßgenauigkeit unter dem Einfluß der Federungen und kleineren Fehler in Maschine und Werkzeug. $\overline{DE}$ bzw. $\overline{AE}$ ist die Bewegungsrichtung des Supportes,

Ist die Aufgabe gestellt, eine Welle vom

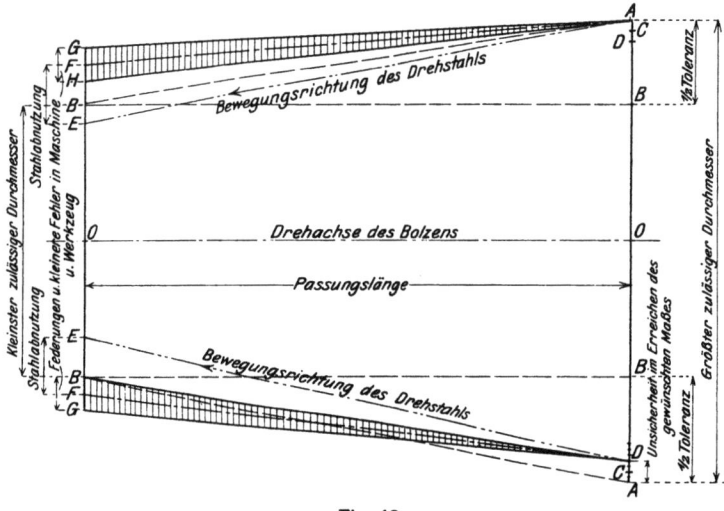

Fig. 49.

Fehlerdiagramm beim Drehen eines Bolzens, wenn die Stahlbenutzung die Arbeitsgenauigkeit der Maschine vergrößert. (Die Toleranz ist übertrieben groß angenommen, um das Diagramm auseinanderzuzerren.) In der oberen Hälfte der Figur ist das Diagramm unter der Annahme entworfen, daß der Punkt A bei der Stahleinstellung, in der unteren Hälfte dagegen der Punkt D erreicht wird.

Tabelle 1.
Toleranzen für zylindrische Passungen (Bohrung normal)
(vgl. Schlesinger „Die Passungen im Maschinenbau").

⌀	Bohrung			Welle								
				fest			schiebend			laufend		
	kleinste	größte	Differenz	kleinste	größte	Differenz	kleinste	größte	Differenz	kleinste	größte	Differenz
6—10,5	−0,01	+0,01	0,02	−0,005	+0,01	0,015	−0,01	−0,005	0,005	−0,025	−0,01	0,015
11—18	−0,015	+0,01	0,025	−0,0055	+0,0095	0,015	−0,015	−0,006	0,009	−0,03	−0,015	0,015
19—30	−0,015	+0,015	0,03	−0,006	+0,009	0,015	−0,02	−0,007	0,013	−0,035	−0,02	0,015
31—48	−0,02	+0,015	0,035	−0,0065	+0,0085	0,015	−0,025	−0,008	0,017	−0,045	−0,025	0,02
49—75	−0,02	+0,02	0,04	−0,0075	+0,0075	0,015	−0,03	−0,009	0,021	−0,05	−0,03	0,02
76—115	−0,025	+0,02	0,045	−0,009	+0,006	0,015	−0,035	−0,01	0,025	−0,06	−0,035	0,025

Durchmesser $\overline{CC}$ zu drehen, so schwankt mit Wahrscheinlichkeit der erzielte Durchmesser zwischen $\overline{AA}$ und $\overline{DD}$. Wird der Durchmesser $\overline{DD}$ erreicht, so bewegt sich bei dem Arbeiten das Werkzeug in der Richtung $\overline{DE}$, unter dem Einfluß der Stahlabnutzung kommt das Werkzeug von E nach F, wenn nicht infolge kleinerer Fehler in Maschine und Werkzeug und durch die auftretenden Federungen irgend ein anderer Durchmesser zwischen BB und GG erreicht wird. Treffen die Annahmen der Figuren in der Praxis zu, so werden Wellen und Bohrungen erzeugt, die schwach konisch, aber nach Grenzlehre richtig sind. Die obere Hälfte der Figuren ist unter der Annahme konstruiert, daß nicht der Durchmesser DD, sondern $\overline{AA}$ anfangs erreicht wurde.

Schneidfläche $= (\pi \cdot 35) \cdot 120 = d \cdot 2\,500\,000$,
$d = 0{,}0053$ mm.

Diese Werte in obige Formel eingesetzt, ergeben
$e = 0{,}0103$ mm.

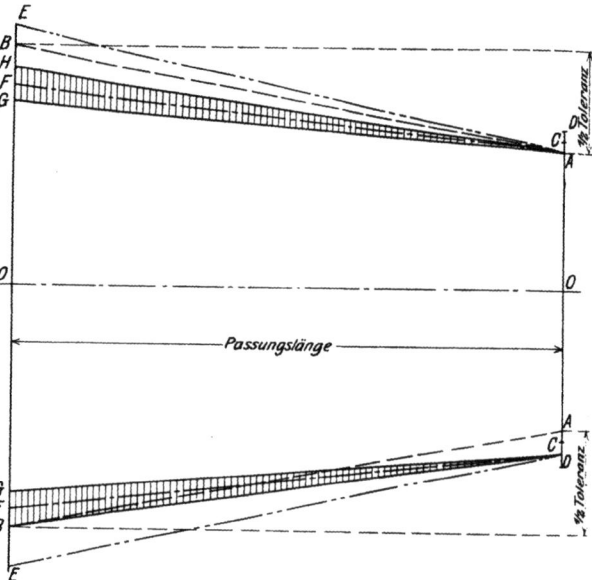

Fig. 51.

Fehlerdiagramm beim Drehen einer Bohrung, wenn die Stahlabnutzung die Arbeitsgenauigkeit der Maschine vergrößert. (Vergl. Bemerkungen zu Fig. 49.)

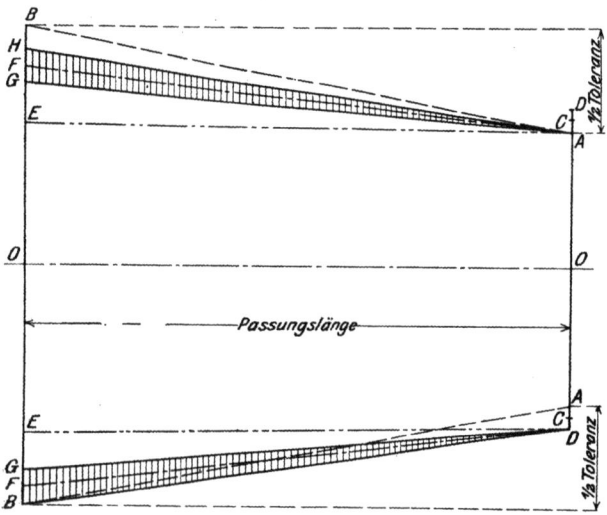

Fig. 50.

Fehlerdiagramm beim Drehen eines Bolzens, wenn die Stahlabnutzung die Arbeitsgenauigkeit der Maschine herabsetzt. (Vergl. Bemerkungen zu Fig. 49.)

Bedeutet:
$a = 2 \times \overline{AB}$,
$b = \overline{AC} = \overline{CD}$,
$c = \overline{BG} = \overline{GH}$,
$d = \overline{EF}$,
$e = \overline{OD} - \overline{OE} = \overline{OA} - \overline{OE}$,

so gilt für den Fall, daß die Stahlabnutzung den Maschinenfehler korrigiert, die Gleichung

$$\frac{a}{2} = 2b + e - d + \frac{c}{2}.$$

Für die angenommene Maschine und den bedingten Schiebesitz kann gesetzt werden:

$a = 0{,}017$ mm Toleranz bei 35 mm Schiebesitz,
$b = 0{,}001$ „ vgl. Angaben im Abschnitt II,
$c = 0{,}003$ „ geschätzter Erfahrungswert.

Die Stahlabnutzung d berechnet sich in folgender Weise:

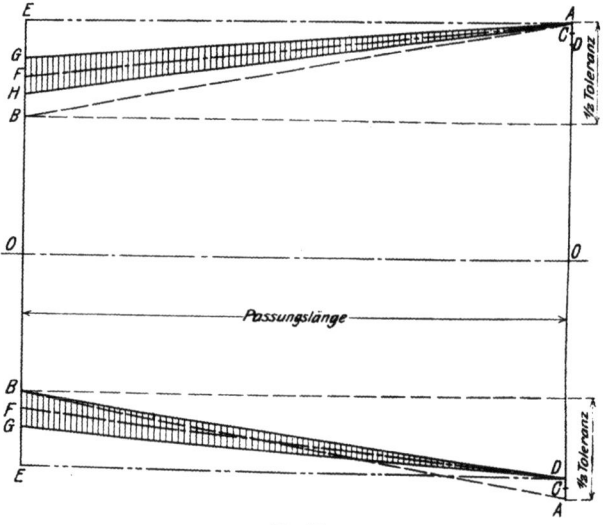

Fig. 52.

Fehlerdiagramm beim Drehen einer Bohrung, wenn die Stahlabnutzung die Arbeitsgenauigkeit der Maschine herabsetzt. (Vergl. Bemerkungen zu Fig. 49.)

Auf die Meßlänge 300 mm zurückgeführt, ergibt dieses
$e_1 = 0{,}026$ mm.

Gewählt: Genauigkeit IV.

Zu 11. Diese Bedingung sollte erfüllt sein, damit bei dem Drehen zwischen Spitzen der Einfluß der Stellung des Reitstocks auf die Arbeitsgenauigkeit gering ist. In wagerechter Ebene lassen sich wiederum Fehler durch Einstellen des Reitstocks beseitigen; die Ungenauigkeit in senkrechter Ebene hat den bei 7. erklärten Einfluß.

Zu 12. Diese Forderung ist von ausschlaggebender Bedeutung für die Genauigkeit der Plandreharbeit der Maschine. Von der vorliegenden Maschine wird verlangt, daß auf ihr eine Planfläche von 250 mm Durchmesser nicht mehr als 0,025 mm hohl, aber möglichst nicht ballig herzustellen ist. Diese Bedingung erfordert keineswegs — für Maschinen, die zur Stahlbearbeitung benutzt werden —, daß die Bewegungsrichtung des Querschlittens hohl, d. h. wie bei Fig. 53, 54, 58 und 59 gerichtet sein muß, sondern, wie sich aus Fig. 55 bis 57 ableiten läßt, kann auch mit dem entgegengesetzten Fehler der Bank eine hohle Fläche erzielt werden, wenn der Bedienende die Eigenschaften der Bank kennt.

Die Fehlerquellen der Maschine und des Werkzeuges sind:

1) Verschiebungsfehler der Arbeitsspindel,
2) Bewegungsfehler des Quersupportes zur Arbeitsspindel (e),
3) Stahlabnutzung (d),
4) Federungen und kleinere Fehler in Maschine und Werkzeug (c).

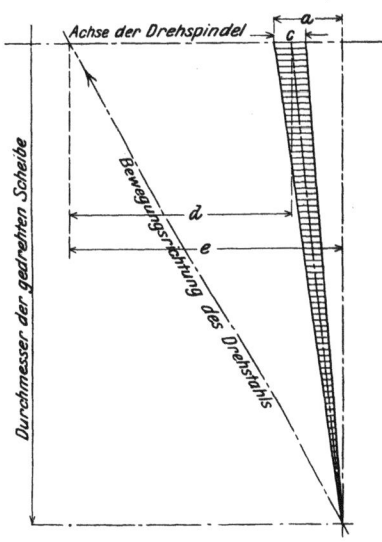

Fig. 53.

Hohldrehen einer Fläche.

(Der Maßstab für den Fehler ist sehr groß angenommen, um den Fehler deutlich zu machen.)

a Größter Hohldrehfehler in der Mitte der Scheibe;
c Fehler infolge von Federungen und kleineren Mängeln in Maschine und Werkzeug;
d Stahlabnutzung beim Drehen der Scheibe (der Einfachheit halber steigend umgekehrt proportional zum Durchmesser angenommen);
e Bewegungsfehler des Quersupports zur Arbeitsspindel auf die Länge des Halbmessers der gedrehten Scheibe.

Der Verschiebungsfehler wird bei den folgenden Untersuchungen außer acht gelassen, da er bei guten Drehbänken nur gering und sein Einfluß meist so ist, daß er die geschaffene Fläche windschief macht. Die Stahlabnutzung nimmt mit dem Quadrat des Durchmessers der gedrehten Fläche zu, so daß streng genommen eine ebene Fläche auf der Drehbank mit den normalen Werkzeugen überhaupt nicht zu erzielen ist; doch wird dieser Mangel gegenüber allen anderen Fehlern in der Maschine nur dann in die Erscheinung treten, wenn große Scheiben aus sehr hartem Material bearbeitet werden. Bei den vorliegenden Untersuchungen darf die Drehfläche als ebene Fläche bzw. als Kegelmantel angesprochen werden. Zur Berechnung des zulässigen Bewegungsfehlers des Quersupportes zur Arbeitsspindel werden die Figuren 53 und 57 zugrunde gelegt. In Fig. 53 ist angenommen, daß die Bewegungsrichtung den Fehler hat, den das Arbeitsstück im ungünstigsten Falle haben darf. Dieser Fehler muß als Grenzwert nach der einen Seite festgelegt werden, weil damit gerechnet wird, daß gelegentlich auch ein weiches Material, z. B. weicher Messingguß, mit einem sehr dauerhaften Werkzeug auf der Maschine bearbeitet wird. Der Bewegungsfehler des Quersupportes darf demnach auf 125 mm Länge 0,025 mm betragen; auf die Meßlänge 300 mm zurückgeführt,

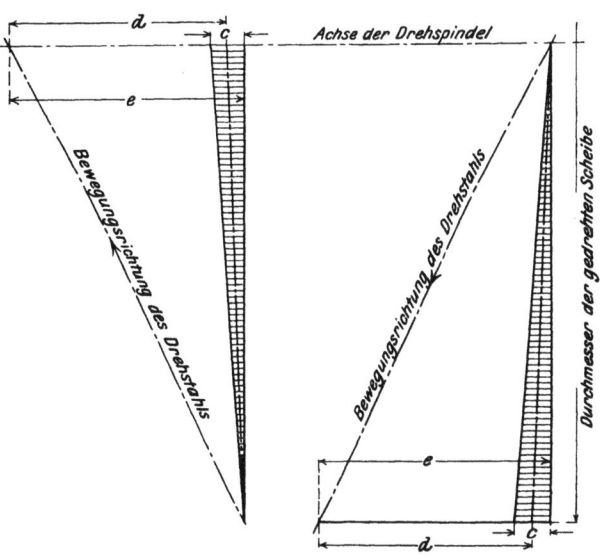

Fig. 54 u. 55.

Plandrehen einer Fläche, wenn die Stahlabnutzung den Bewegungsfehler des Drehstahls ausgleicht.
(Vergl. Bemerkungen zu Fig. 53.)

gibt das einen Fehler von 0,058 mm. Gewählt wird Genauigkeit VI.

Fig. 57 zeigt, wie eine scheinbar |ballig drehende Bank tatsächlich hohl dreht, wenn eine Stahlabnutzung vorhanden ist und diese ausgenutzt wird. Würde die Annahme aufrechterhalten werden, daß bei Bestimmung des zulässigen Fehlers der Bewegungsrichtung des Quersupportes von der korrigierenden Wirkung der Stahlabnutzung kein Gebrauch gemacht werden darf, so dürfte ein Fehler in der angegebenen Richtung überhaupt nicht vorhanden sein. Im

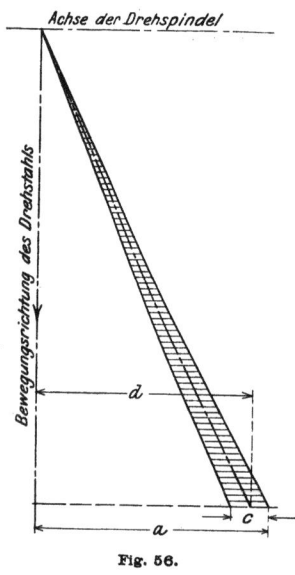

Fig. 56.

Hohldrehen einer Fläche, wenn die Bewegungsrichtung des Drehstahls theoretisch richtig ist.
(Vergl. Bemerkungen zu Fig. 53.)

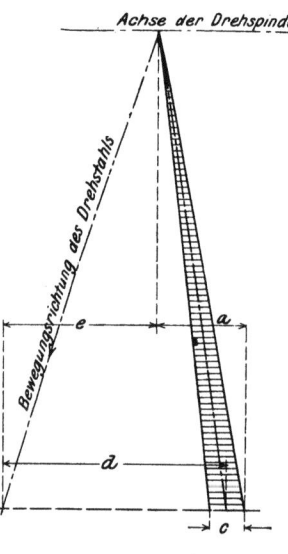

Fig. 57.

Hohldrehen einer Fläche bei richtiger Anwendung der Stahlabnutzung.
(Vergl. Bemerkungen zu Fig. 53.)

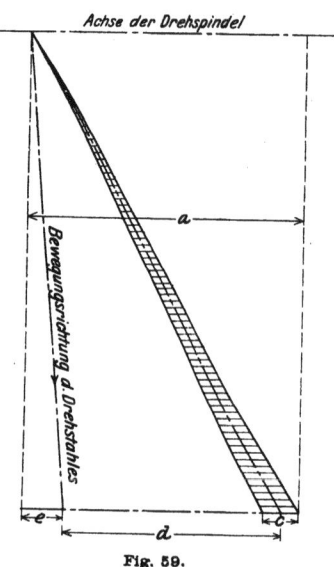

Fig. 59.

Vergrößerung des Hohldrehfehlers durch falsche Anwendung der Stahlabnutzung.
(Vergl. Bemerkungen zu Fig. 53.)

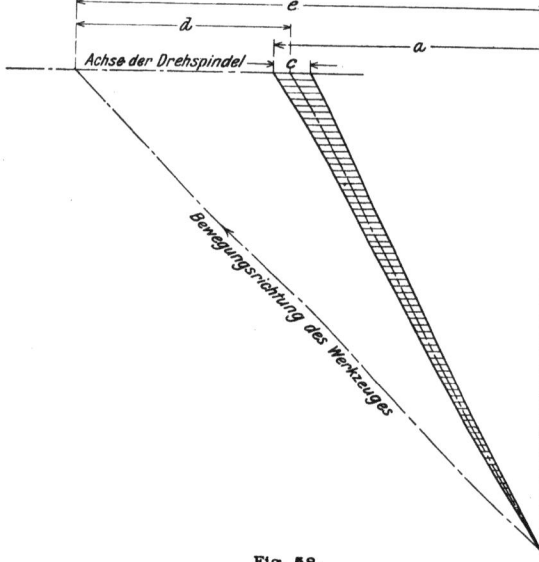

Fig. 58.

Herabsetzen des Hohldrehfehlers durch richtige Anwendung der Stahlabnutzung.
(Vergl. Bemerkungen zu Fig. 53.)

Interesse der Verbilligung der Maschine soll ein Fehler von $1/6$ der Höhe des in der anderen Richtung vorhandenen zugelassen werden. Demnach wird Genauigkeit III gewählt.

Erleichternd kommt für die Erfüllung der gestellten Forderungen noch hinzu, daß die Führungsrichtung in senkrechter Ebene nicht geradlinig zu sein braucht.

Zu 13. Hier gelten die gleichen Genauigkeiten wie bei 10, da bei dem Drehen zwischen Spitzen dieselben Anforderungen gestellt werden wie bei dem Drehen „fliegend."

Zu 14. Wird auch auf die Prüfung der Steigung der Leitspindel verzichtet, so muß doch die Lagerung der Leitspindel untersucht werden. Jeder Spurlagerungsfehler bewirkt, daß genaue Schraubensteigungen nicht geschnitten werden können.

D. Prüfung einer Rundschleifmaschine.

Auf dieser Maschine werden Wellen rund geschliffen, seltener die Stirnseiten von Rotationskörpern plan geschliffen und Kegel hergestellt. Bei der vorliegenden Konstruktion (Fig. 61) führt der Schleifradschlitten die Anstellbewegung, der

— 29 —

Fig. 61.

Universal-Rundschleifmaschine.

Spitzenhöhe	215 mm
Zwischen den Spitzen	1500 „
Nettogewicht	rd. 3000 kg

Schleiftisch mit Spindelkasten und Reitstock die Vorschubbewegung aus. Das Arbeitsstück wird zwischen toten Spitzen eingespannt, so daß die Lagerungsfehler der Antriebsspindel nicht auf dasselbe übertragen werden. Der Spindelkastenschlitten ist auf dem Schleiftisch innerhalb kleiner Winkel drehbar angeordnet und kann mittels Schraube nach einer Gradeinteilung eingestellt werden. Ebenso ist der Schleifradschlitten um einen Zapfen zu drehen und nach einer Skala einstellbar.

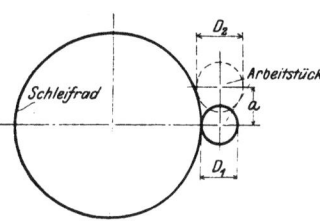

Fig. 62.

Einfluß der Höhenverstellung des Arbeitsstückes beim Schleifen.

a Höhenverstellung;
$D_2 - D_1$ Durchmesserzunahme des Arbeitsstückes
normal $a > D_2 - D_1$.

Die Genauigkeit einer guten Schleifmaschine kann kaum zu groß sein, da gerade bei Schleifarbeit die Forderungen bis an die Grenze des Wirtschaftlich-Möglichen gesetzt sind. Die in dem Prüfungsplan gegebenen Genauigkeitswerte sind darum unter dem Gesichtswinkel gewählt, daß die zulässigen Fehler möglichst klein sind, ohne daß der Preis der Maschine in dem Maße steigt, daß sie schwer verkäuflich wird.

Prüfungsplan.

zulässiger Fehler:
1. Schleiftischführung geradlinig:
   in senkrechter Ebene . . . . . . II.*)
   in wagerechter Ebene . . . . . I.
2. Führung für Spindelkasten und Reitstock geradlinig:
   in senkrechter Ebene . . . . . . I.
   in wagerechter Ebene . . . . . II.
3. Führung für Spindelkasten und Reitstock parallel zur Schleiftischführung:
   in senkrechter Ebene . . . . . . III.
   in wagerechter Ebene . . . . . III.
4. Pinolenverschiebung des Reitstocks parallel zur Reitstockführung:
   in senkrechter Ebene . . . . . . IV.
   in wagerechter Ebene . . . . . III.
5. Linie zwischen den Spitzen parallel zur Schleiftischführung:
   in senkrechter Ebene . . . . . . VI.
   in wagerechter Ebene . . . . . III.
6. Führung des Schleifsupportes geradlinig in wagerechter Ebene . . . . . II.
7. Führung des Schleifsupportes senkrecht zur Tischführung . . . . IV.

---

*) Vgl. Tabelle WT. 1910, Seite 622.

— 30 —

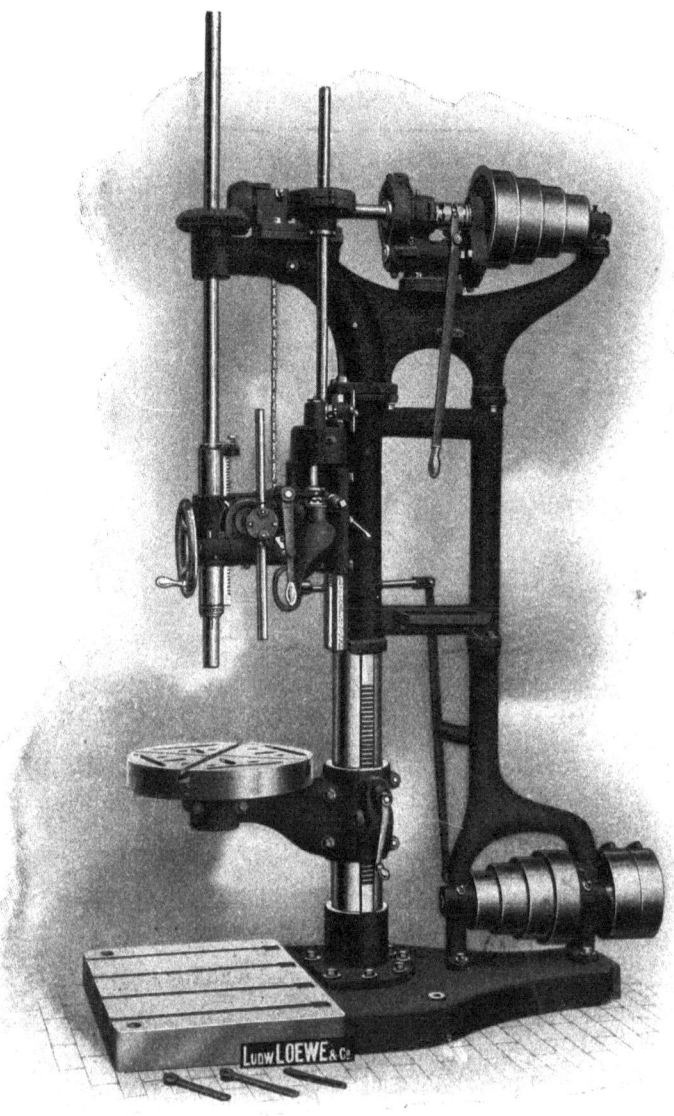

Fig. 63.
Bohrmaschine.

Bohrt Löcher bis zum Durchmesser von	50	mm
Vorschub der Bohrspindel	330	"
Verstellbarkeit des Bohrkopfes	425	"
Tischdurchmesser	520	"
Aufspannfläche der Grundplatte	600 × 820	"
Kegel in der Bohrspindel	Morse 4	
Nettogewicht der Maschine	1180	kg

Anmerkungen zum Prüfungsplan.

Zu 1. Ist die Schleiftischführung hohl oder ballig, so werden auch die Arbeitsstücke den entsprechenden Mangel aufweisen. Der Fehler in senkrechter Ebene ist von geringerer Bedeutung als der in wagerechter (vgl. Fig. 62).

Zu 2. Diese Bedingung muß erfüllt sein, damit die Stellung von Spindelkasten und Reitstock auf ihrer Führung beim Schleifen von Arbeitsstücken von verschiedener Länge auf die Arbeitsgenauigkeit von nicht zu großer Bedeutung ist. In senkrechter Ebene ist hier wiederum ein größerer Fehler zulässig als in wagerechter, da eine geringe Höhenverstellung auf den erzeugten Schleifdurchmesser nur verschwindenden Einfluß ausübt, wenn die Schleifscheibe nicht zu klein gewählt wird (Fig. 62).

Zu 3. Die Genauigkeitsforderungen für diesen Punkt können gegenüber den anderen herabgesetzt werden, obwohl sie von größter Wichtigkeit sind, da die Lage in wagerechter Ebene infolge der Drehbarkeit des Spindelkastenschlittens einstellbar ist, und für die Fehler in senkrechter Ebene wiederum Erleichterungen gelten.

Zu 4. Die Verschiebungsrichtung der Pinole des Reitstocks muß parallel der Reitstockführung sein, damit der Auszug der Pinole die Arbeitsgenauigkeit nicht wesentlich beeinträchtigt.

Zu 5. Die Lage der Linie zwischen den Spitzen zur Schleiftischführung wird dadurch geprüft, daß je ein gut zylindrischer Prüfdorn von 300, 500 und 1000 mm Länge zwischen Spitzen eingespannt auf seine Lage zur Schleiftischführung untersucht wird. In wagerechter Ebene kann die Genauigkeit durch Einstellen des Spindelkastenschlittens vergrößert werden.

Zu 6. Genauigkeit in dieser Richtung muß vorhanden sein, wenn auf der Maschine plan geschliffen werden soll.

Zu 7. Diese Richtung ist nach einer Skala einstellbar; für die Nullstellung gilt die Forderung des Prüfungsplans.

E. Prüfung einer Bohrmaschine.

An die Bohrmaschine werden geringere Anforderungen gestellt als an die bisher besprochenen Maschinen, denn der Bohrarbeitsgang, bei dem das Werkzeug rotiert und das Arbeitsstück festliegt, ist unvollkommener als der Dreharbeitsgang, für welchen die umgekehrten Verhältnisse gelten. Der hauptsächlichste Fehler, der beim Bohren auftritt, ist das „Verlaufen" des Bohrers, was zur Folge hat, daß die Richtung der gebohrten Löcher grob falsch wird. Von mehr untergeordneter Bedeutung ist der Fehler, der beim Bohren dadurch auftritt, daß die Bohrspindel nicht senkrecht zum Bohrtisch arbeitet, solange der Fehler gering ist. Dem Prüfungsplan ist die Bohrmaschine (Fig. 63) zugrunde gelegt.

Prüfungsplan.

		zulässiger Fehler:
1.	Bohrspindel läuft rund im Bohrkopf	0,005 mm
2.	Spurlagerungsfehler der Bohrspindel	0,02 „
3.	Kegel in der Bohrspindel läuft . .	IV.*)
4.	Bohrspindel parallel zur Bohrkopfführung	V.
5.	Bohrspindel senkrecht zur Aufspannfläche der Grundplatte . . .	V.
6.	Achse und Aufspannplatte des schwenkbaren Tisches senkrecht zueinander	IV.
7.	Führung des schwenkbaren Tisches geradlinig	III.
8.	Bohrspindel senkrecht zur Aufspannplatte des schwenkbaren Tisches .	VI.

Bemerkungen zum Prüfungsplan.

ad 1. Unrundlaufende Bohrspindeln verursachen, daß der Durchmesser des Loches größer wird, als dem Bohrer entspricht, und geben dadurch dem Werkzeug die Möglichkeit sich zu „verlaufen".

ad 2. Spurlagerungsfehler fallen bei der Bohrmaschine nicht besonders schwer ins Gewicht. Störend können sie dann auftreten, wenn auf der Bohrmaschine Naben angeschnitten werden.

ad 3. Im Kegel der Bohrspindel soll das Bohrfutter oder das Bohrwerkzeug laufend befestigt werden; jeder Schlagfehler des Werkzeuges erleichtert das Verlaufen.

ad 4. Die Bohrkopfführung muß der Bohrspindel parallel sein, damit die Stellung des Bohrkopfes auf die Lage und die Lagerung der Bohrspindel ohne Einfluß ist.

ad 5 und 8. Die senkrechte Lage der Bohrspindel zum Bohrtisch wird bei Maschinen dieser Art vorausgesetzt; doch braucht die Arbeitsgenauigkeit auch bei guten Maschinen nicht besonders hoch zu sein, da diese Fehler meist wesentlich geringer sind als diejenigen, welche durch das Bohrwerkzeug entstehen.

ad 6. Genauigkeit in der Lage der Schwenkachse zur Aufspannplatte muß vorhanden sein, da sonst bei Schwenkung der Aufspannplatte sich deren Lage zur Arbeitsspindel verändert.

ad 7. Ist die Führungsrichtung des Bohrtisches nicht geradlinig, so ändert sich die Lage der Aufspannplatte des Bohrtisches zur Bohrspindel mit jeder Verstellung des Bohrtisches.

---
*) Vgl. Tabelle 2, S. 5.

F. Prüfung einer Fräsmaschine.

Bei dieser Prüfung muß bedacht werden, daß Universalfräsmaschinen vielseitig verwendet werden, und daß verschiedene Werkzeuge auf der Maschine in Gebrauch sind. Die Arbeiten der Universalfräsmaschine sind: Herstellung von ebenen Flächen, gekrümmten Flächen, Bohrungen, Senkungen und Spiralen. Die Werkzeuge sind: Stirn-, Walzen- und Formfräser, Schlagzähne, Spiralbohrer und Senker. Die Anforderungen an die Genauigkeit der Fräsarbeit sind meist geringer als die der Dreharbeit und sind durch die Genauigkeit der Werkzeuge begrenzt.

Die Universalfräsmaschine (Fig. 64) besteht aus zwei ziemlich unabhängigen Teilen: Die Maschine an sich und der Teilkopf mit Reitstock. Für beide Teile werden getrennte Prüfungspläne aufgestellt.

Prüfungsplan der Maschine.

		zulässiger Fehler:
1.	Arbeitsspindel läuft rund in den Lagern	0,01 mm,
2.	Spurlagerungsfehler der Arbeitsspindel	0,01 „
3.	Kegel der Arbeitsspindel läuft . .	IV.*)
4.	Gegenhalterarm geradlinig	II.
5.	Gegenhalterarm parallel Arbeitsspindel	IV.
6.	Gegenhalterbüchse in Linie mit Arbeitsspindel	IV.
7.	Aufspanntisch eben	IV.
8.	Längsführung des Aufspanntisches parallel zu demselben	V.
9.	Querführung des Drehteils parallel zum Aufspanntisch	V.
10.	Vertikalführung des Konsols senkrecht zum Aufspanntisch	V.
11.	Arbeitsspindel parallel Tischfläche	IV.
12.	Arbeitsspindel parallel Längsführung des Aufspanntisches, wenn Drehteil um 90° verschwenkt ist .	IV.
13.	Arbeitsspindel parallel Querführung des Drehteils	IV.
14.	Arbeitsspindel senkrecht Vertikalführung des Konsols	IV.
15.	Drehteilachse kreuzt Arbeitsspindel	0,2 mm,
16.	Drehteilachse kreuzt mittlere Tischnut	0,2 „

Bemerkungen zum Prüfungsplan.

ad 1. Dieser Fehler wirkt störend, wenn die Universalfräsmaschine als Bohrmaschine arbeitet, indem er den Bohrwerkzeugen Neigung zum Verlaufen gibt. Beim Fräsen mit Walzenfräsern werden die gefrästen Flächen leicht unsauber. Fräsun-

---
*) Vgl. Tabelle 2, Seite 5.

gen mit Fingerfräsern erhalten nicht das Profil des Fräsers.

ad 2. Spurlagerungsfehler wirken störend, z. B. beim Abschlagen von Flächen mit Schlagzähnen und Stirnfräsern, beim Form- und Nutenfräsen und beim Sägen.

ad 3. Soll ein Werkzeug in der Spindel laufend ausgerichtet werden, so muß zunächst der Kegel in der Spindel laufen.

Fig. 64.

Universal-Fräsmaschine mit Teilkopf.

Größe des Aufspanntisches	160 × 860	mm
Längsbewegung des Aufspanntisches	550	„
Querbewegung „ „	175	„
Vertikalbewegung „ „	460	„
Spitzenhöhe des Teilkopfes	135	„
Nettogewicht der Maschine	900	kg

ad 4, 5 und 6. Damit bei jeder Stellung des Gegenhalters dessen Führungsbüchse für den Fräsdorn in Linie mit der Arbeitsspindel ist, müssen diese drei Bedingungen erfüllt sein.

ad 7. Auf unebenen Aufspanntischen werden Arbeitsstücke und Vorrichtungen leicht verspannt.

ad 8 und 9. Diese Bedingungen sind zu erfüllen, damit der Aufspanntisch bei der Längs- und Querverstellung in seiner eigenen Ebene verschoben wird.

ad 10. Jeder Fehler dieser Art verursacht, daß der Aufspanntisch außer einer Höhenbewegung eine Verstellung in seiner Ebene erfährt, ein Übelstand, der sich oft störend bemerkbar macht.

ad 11. Die Lage der Arbeitsspindel zum Aufspanntisch ist bei allen Fräsarbeiten, bei denen parallele oder senkrechte Flächen erzeugt werden sollen, von Bedeutung.

ad 12 bis 14. Es wäre überflüssig, diese drei Forderungen zu erheben, wenn die Bedingungen 9. bis 11. ohne Fehler erfüllt werden, da das meistens nicht der Fall sein wird, so sind diese drei Kontrollversuche auszuführen.

ad 15 und 16. Diese Bedingungen sollen erfüllt sein, damit beim Fräsen von Spiralen, wenn das Drehteil des Aufspanntisches verschwenkt ist, Formfehler vermieden werden.

Prüfungsplan eines Teilkopfes mit Reitstock.

	zulässiger Fehler:
1. Teilkopfspindel läuft rund in den Lagern	0,001 mm,
2. Spurlagerungsfehler der Teilkopfspindel	0,01 „
3. Kegel in der Teilkopfspindel läuft	IV.*)
4. Teilkopfspindel parallel Grundplatte in 0°-Stellung	X.
5. Teilkopfspindel senkrecht Grundplatte in 90°-Stellung:	
in der Schwingungsebene . .	X.
in der Ebene senkrecht dazu	IV.
6. Teilkopfspindel parallel Ausrichtungsstein in der Grundplatte . .	IV
7. Verschiebungsrichtung der Reitstockspitze parallel Ausrichtungssteinen in der Grundplatte	IV.
8. Teilkopfspindel in Linie mit Reitstockspitze in horizontaler Ebene bei Ausrichtung nach Ausrichtungssteinen	IV.

Bemerkungen zum Prüfungsplan.

ad 1. Die Teilkopfspindel muß gut rund laufen, da sonst Teilungsfehler entstehen.

ad 2. Der Einfluß des Spurlagerungsfehlers der Teilkopfspindel ist selten schwerwiegend auf die Güte der Arbeit.

ad 3. Es ist erwünscht, daß dieser Fehler nicht bedeutend ist, damit zeitraubende Ausrichtungsarbeiten beim Einspannen von Werkzeugen erspart werden.

ad 4. Diese Genauigkeit ist einstellbar, darum können die Grenzen ziemlich groß gewählt werden.

ad 5. Hierbei ist die Genauigkeit einstellbar in der Schwingungsebene, nicht in der Ebene senkrecht dazu.

---

*) Vgl. Tabelle 2, Seite 5.

ad 6. Diese Forderung soll verhindern, daß die Teilkopfspindel verschwenkt ist, wenn der Teilkopf nach den Steinen in der Grundplatte ausgerichtet ist.

ad 7. und 8. Durch diese Bedingungen wird bezweckt, daß Teilkopfspindel in Linie mit Reitstockspitze ist, wenn beide nach den Ausrichtungssteinen ausgerichtet sind. Es ist bei der Prüfung vornehmlich auf die Ausrichtung in horizontaler Ebene zu achten, da die in vertikaler Ebene einstellbar ist.

G. Prüfung einer horizontale Stoßmaschine.

Auf diesen Maschinen (Fig. 65) sollen hauptsächlich ebene parallele oder senkrechte Flächen hergestellt werden; infolgedessen hat sich die Prüfung auf die Ausführung des Aufspanntisches und seiner Bewegungsmechanismen, sowie auf die Führung des Stößels zu erstrecken. Beim Stoßen von Flächen, die zueinander einen bestimmten Winkel bilden, muß der Stößelschlitten in seinem Drehteil entsprechend eingestellt werden. Die Genauigkeit der Gradeinteilung am Drehteil braucht nicht geprüft zu werden, doch empfiehlt es sich festzustellen, inwieweit bei 0°-Stellung die Supportbewegung des Stößels senkrecht zum Aufspanntisch erfolgt.

Prüfungsplan.

	zulässiger Fehler:
1. Horizontaler Aufspanntisch ist eben	IV.*)
2. Linker vertikaler Aufspanntisch ist eben	IV.
3. Rechter vertikaler Aufspanntisch ist eben	IV.
4. Vertikale Tischflächen senkrecht zur horizontalen Tischfläche	IV.
5. Horizontale Führung des Aufspanntisches parallel zur horizontalen Tischfläche	IV.
6. Horizontale Führung des Aufspanntisches senkrecht zu den vertikalen Tischflächen in vertikaler Ebene	IV.
7. Vertikale Führung des Aufspanntisches parallel zu vertikalen Tischflächen	VI.
8. Stößelbewegung gradlinig	II.
9. Stößelbewegung parallel zur horizontalen Tischfläche	IV.
10. Stößelbewegung parallel zu vertikalen Tischflächen	IV.
11. Stößelbewegung parallel bezw. senkrecht zu ⊥-Nuten in den Tischflächen	IV.
12. Bei 0°-Stellung des Stößeldrehteils ist die Führungsrichtung des Stößels parallel zu vertikalen Tischflächen	X.

*) Vgl. Tabelle 2, S. 5.

Bemerkungen zum Prüfungsplan.

ad 1, 2 u. 3. Diese Forderungen sollen verhindern, daß die Form der Aufspannflächen größere Fehler hat, welche bei dem Aufspannen von schwachen Arbeitsstücken zu erheblichen Verspannungen Veranlassung geben können.

ad 4. Die rechtwinklige Lage der Tischflächen zueinander ist von Bedeutung bei dem Stoßen von Flächen, die einen rechten Winkel zueinander bilden sollen.

Fig. 65.
Horizontale Stoßmaschine.

Größte Stoßlänge	650 mm
Horizontale Aufspannfläche	380 × 610 „
Vertikale Aufspannfläche	355 × 405 „
Horizontalbewegung des Tisches	600 „
Vertikalbewegung	460 „
Nettogewicht der Maschine	ca. 1090 kg

ad 5 u. 6. Wenn diese Bedingungen nicht erfüllt sind, werden die bestoßenen Flächen nicht parallel bezw. senkrecht sondern schiefwinklig zueinander.

ad 7. Die vertikale Bewegung für den Aufspanntisch wird selten als Arbeitsbewegung meist zum Einstellen benutzt.

ad 8. Ist die Stößelbewegung nicht geradlinig, so ist es unmöglich auf der Maschine gerade Flächen zu stoßen.

ad 9 u. 10. Diese Forderungen müssen erfüllt werden, weil sonst die Maschine parallele Flächen nur dann stößt, wenn der Richtungsfehler des Stößels durch sorgfältiges Ausrichten des Arbeitstückes beseitigt wird. Wenn ein Fehler vorhanden, so ist es ungünstiger, wenn die Richtungen sperren, als wenn das Umgekehrte eintritt.

ad 11. Parallele bezw. senkrechte Lage der Nuten im Aufspanntisch zu der Stößelbewegung erleichtert das Ausrichten von Arbeitsstücken und Vorrichtungen auf den Tischflächen.

ad 12. Diese Genauigkeit ist einstellbar und die Prüfung hat nur den Zweck festzustellen, ob die 0°-Marke angenähert richtig ist.

VI. Organisation des Prüfungswesens auf Arbeitsgenauigkeit.

Die Organisation wird dem Zweck, der erreicht werden soll, angepaßt; dieser kann bestehen in der Prüfung der Produktionsmaschinen und in der Prüfung der hergestellten Maschinen.

Die Prüfung der Produktionsmaschinen erfolgt mit Vorteil in allen Fabriken, in denen höhere Anforderungen an die Arbeitsgenauigkeit der Werkzeugmaschinen gestellt werden. Die erste Prüfung wird nach Aufstellung der Maschine ausgeführt, um dann nach Bedürfnis von Zeit zu Zeit wiederholt zu werden. Über die Ergebnisse der verschiedenen Prüfungen der Maschinen werden Protokolle aufgenommen, die in ihrer Gesamtheit ein Bild des Lebenslaufes der Maschine geben. Die Protokolle werden entsprechend der Form der Fabrikbuchführung, die eingeführt ist, in einem Buch oder in einer Kartothek zusammengestellt.

Als Produktionsmaschine wird die marktgängige Werkzeugmaschine in vielen Fällen zur Spezialmaschine. Diesem veränderten Gebrauch wird man sich bei der Prüfung der Arbeitsgenauigkeit anpassen, indem bei solchen Maschinen die Prüfung nur auf die Eigenschaften hin erfolgt, auf die der Werkstattsmann Wert legt und auch nur bis zu dem Grade von Genauigkeit, der für die zu leistende Arbeit erforderlich ist.

Die Prüfung wird von der Abteilung ausgeführt, die für die Instandhaltung der Produktionsmaschinen zu sorgen hat.

Unter anderem Gesichtswinkel erfolgt die Prüfung der Arbeitsgenauigkeit der Erzeugnisse in Werkzeugmaschinenfabriken. Hier soll verhindert werden, daß minderwertige Ware die Fabrik verläßt; mit ein Maßstab für die Wertung ist aber die Größe der Arbeitsgenauigkeit. Fehlerlose Maschinen werden im normalen Betrieb nicht gebraucht, verlangt wird nur, daß die Fehler auf keinen Fall die zulässigen Grenzen überschreiten. Die Fehlerbestimmung soll aber auch zur Erkenntnis der Mängel und Schwächen der eigenen Produktionsmaschinen und Einrichtungen beitragen.

Die Prüfung der Arbeitsgenauigkeit wird in diesem Falle von der Prüfabteilung auf dem Prüffeld vorgenommen und schließt sich als letztes Glied den Teilprüfungen an.

Die Organisation des gesamten Prüfungswesens in einer Werkzeugmaschinenfabrik denke ich mir folgendermaßen: Alle in der Fabrik vorkommenden Prüfungen und Kontrollen an Erzeugnissen werden von der Prüfabteilung ausgeführt, die ihre eigene Verwaltung hat und direkt der Betriebsleitung untersteht. Von dieser Abteilung werden jeder Werkstatt die erforderlichen Kontrolleure zugewiesen. Die Kontrolleure sind den Meistern ihrer Werkstätten nur soweit unterstellt, als sie ihre Arbeiten in der von diesen vorgeschriebenen Reihenfolge zu erledigen haben. Verantwortlich für die Kontrolle ist der Leiter der Prüfabteilung. Das Ergebnis der Prüfung wird schriftlich niedergelegt und bei Einzelteilen auf dem Begleitschein vermerkt, während bei der Schlußprüfung ein ausführliches Protokoll aufgenommen wird. Das Protokoll enthält folgendes:

1. Alle Angaben, die zur Kennzeichnung der Maschine erforderlich sind — Bezeichnung der Maschine, Auftragnummer und Fabrikationsnummer;
2. Angabe, ob alle Katalogangaben eingehalten sind;
3. Angaben betreffend Arbeitsgenauigkeit;
4. Angaben betreffend Güte der Ausführung;
5. Kritik der Konstruktion;
6. Kontrolle des Zubehörs auf Vollständigkeit.

Die Prüfabteilung ist unproduktiv, doch darf sie deshalb nicht vernachlässigt werden; sie ist im Gegenteil der besonderen Aufmerksamkeit der Fabrikleitung zu empfehlen. Jede Kontrolle braucht gutes Licht und eine bequeme Arbeitstätte, an der sie Störungen wenig ausgesetzt ist; möglichst ist der Platz so zu wählen, daß er im Zuge des Weges liegt, den das Arbeitstück nimmt, um in die nächste Abteilung zu gelangen. Die Arbeitstelle der Hauptkontrolle und das Prüffeld liegen zwischen Montierhalle und Lager fertiger Maschinen.

Ob die Leitung des Prüffeldes in die Hände eines Meisters oder eines Ingenieurs zu legen ist, bedarf besonderer Erwägungen. Auf jeden Fall muß die Leitung des Prüffeldes gegenüber den Meistern der Fabrikationsabteilungen ein gewisses Übergewicht besitzen.

VII. Kosten der Prüfung der Arbeitsgenauigkeit.

Die Prüfabteilung arbeitet, wie gesagt, unproduktiv, demgemäß wird das Bestreben herrschen, ihre Kosten nach Möglichkeit herabzudrücken. Bei der Prüfung von Produktionsmaschinen wird dieses Bestreben in der Weise zum Ausdruck kommen, daß nur in größeren Zeitabständen bei nachweisbarem Bedürfnis allein diejenigen Maschinen geprüft werden, an deren Arbeitsgenauigkeit besondere Ansprüche gestellt und auch nur nach der Richtung dieser Ansprüche hin. Bei der Prüfung von Erzeugnissen ist der Umfang der Prüfung gegeben, so daß Ersparnisse nur durch zweckentsprechende Einrichtungen erzielt werden können.

Die hauptsächlichsten Faktoren, welche die Kosten bedingen, sind: Platz, Licht, Kraft, Transport, Werkzeuge, Löhne und Gehälter.

Die Platzfrage, in vielen Fabriken die ausschlaggebende, wird in verschiedener Weise gelöst: Das Prüffeld liegt von dem übrigen Betriebe örtlich getrennt und die Maschinen werden zum Zweck der Untersuchung auf dasselbe transportiert oder die Maschinen werden an Ort und Stelle im Montierraum abgenommen. Scheinbar wird im letzteren Falle der Raum für das Prüffeld gespart, doch ist zu berücksichtigen, daß durch den längeren Aufenthalt der Maschine in der Schlosserei diese größer als unbedingt erforderlich gewählt werden muß, so daß hier indirekt der Raum für das Prüffeld bezahlt wird. In einer Fabrik, in welcher Werkzeugmaschinen mittlerer Größe gebaut werden, beträgt der Raum für das Prüffeld der fertigen Maschinen etwa $1/10$ bis $1/20$ des Raumes der Montierwerkstatt.

Licht-, Luft- und Beleuchtungsverhältnisse des Prüffeldes müssen mit die besten in der Fabrik sein.

Die Ausgaben für die Betriebskraft auf dem Prüffeld sind gering, da fast nur Leerlaufarbeiten zu leisten sind. Auch die Transportkosten sind nicht erheblich, wenn die Lage des Prüffeldes so gewählt ist, daß die Maschinen durch dasselbe müssen, wenn sie aus dem Montierraum zum Versandraum gelangen sollen.

Außer mit den allgemeinen Schlosserwerkzeugen ist das Prüffeld mit den erforderlichen Meß- und Prüfwerkzeugen auszurüsten, von denen die wichtigsten in einem früheren Abschnitt besprochen worden sind. Die Kosten sind bei der Wahl erstklassiger Werkzeuge und Instrumente ziemlich beträchtlich. Die Abschreibungen sind im Mittel zu etwa 15 % anzunehmen, da die Instandhaltung der Werkzeuge und Vorrichtungen erhebliche Kosten bereitet.

Die Arbeiter der Prüfabteilung stehen im Stundenlohn, nur in Ausnahmefällen wird die Einführung des Akkordlohnes möglich und praktisch sein. Meister und Beamte beziehen Gehalt in üblicher Weise. Die Löhne der Arbeiter werden verhältnismäßig hoch sein, da nur ganz zuverlässige Leute, die Kenntnisse und Fähigkeiten besitzen, sich schnell in neue Aufgaben hineinfinden und die richtig beobachten und scharf folgern, sich bewähren können. Das Verhältnis der Arbeiterzahl des Prüffeldes zu der der Montierwerkstatt wird in Fabriken, die Maschinen von etwa der Größe derjenigen herstellen, für die Prüfungspläne aufgestellt wurden, angenähert 1:30 betragen.

Die Zeit, die zur Prüfung der Maschinen erforderlich ist, wird verchieden sein: nach der Größe der Maschinen, nach der Zahl, Genauigkeit und Art der Forderungen und danach, ob einzelne oder Serienmaschinen untersucht werden. Wird wiederum eine Fabrik ins Auge gefaßt, welche die früher besprochenen Maschinen mit der vorgeschriebenen Genauigkeit als Serienmaschinen baut, so muß für die Prüfung der Arbeitsgenauigkeit im Durchschnitt $3/4$ Tag in Anrechnung gebracht werden. Hinzu kommt die Zeit, die gebraucht wird, um der Entstehung einzelner Fehler nachzugehen.

MIX
Papier aus verantwortungsvollen Quellen
Paper from responsible sources
FSC® C105338

If you have any concerns about our products,
you can contact us on
ProductSafety@springernature.com

In case Publisher is established outside the EU,
the EU authorized representative is:
**Springer Nature Customer Service Center GmbH
Europaplatz 3, 69115 Heidelberg, Germany**

Printed by Libri Plureos GmbH
in Hamburg, Germany